线辣椒优质高产栽培

钮宏儒　编著

金盾出版社

内 容 提 要

本书由陕西省周至县尚村镇王屯村钮宏儒农艺师编著。内容包括：线辣椒的形态特征和生长发育的环境条件，线辣椒优良品种，线辣椒育苗技术，线辣椒间作套种技术，线辣椒大田移栽技术，线辣椒大田管理技术，线辣椒薄膜覆盖技术，线辣椒选种育种技术，线辣椒病虫害及其防治，线辣椒干制烘烤技术，线辣椒简易贮藏与加工技术。本书内容丰富，汇集科学理论与生产实践紧密结合的精华。适合广大农民、基层农业技术人员和有关院校师生阅读参考。

图书在版编目(CIP)数据

线辣椒优质高产栽培/钮宏儒编著.—北京：金盾出版社，2006.9

ISBN 978-7-5082-4055-8

Ⅰ.线… Ⅱ.钮… Ⅲ.辣椒-蔬菜园艺 Ⅳ.S641.3

中国版本图书馆 CIP 数据核字(2006)第 047618 号

金盾出版社出版、总发行

北京太平路 5 号(地铁万寿路站往南)

邮政编码：100036 电话：68214039 83219215

传真：68276683 网址：www.jdcbs.cn

封面印刷：北京精美彩印有限公司

正文印刷：北京兴华印刷厂

装订：双峰装订厂

各地新华书店经销

开本：787×1092 1/32 印张：3.25 字数：55 千字

2009 年 4 月第 1 版第 3 次印刷

印数：21001—31000 册 定价：5.50 元

前　言

线辣椒原产于南美热带地区，大约明朝末年传入我国，我国南北各地均有种植。陕西线辣椒是我国出口创汇的名优特产，也是振兴农村经济的支柱产业之一。其单产、总产、种植面积、内外贸易量从 20 世纪 80 年代初的全国 8 个主产省中排行第八位，跃居为现在的首位。西安市周至县 20 世纪 70 年代以前为零星栽培，20 世纪 70 年代以后，周至县尚村镇开始大面积栽种，但由于线辣椒出现产量低、品质差的问题，农民种植线辣椒卖不上好价钱。为了解决这一难题，笔者在自己的辣椒田里进行线辣椒高产优质栽培技术的研究工作。通过详细调查，笔者找出直接影响线辣椒高产优质的主要因素，并列为以下 8 个研究课题进行田间试验观察：①实行轮作倒茬；②选育优良品种；③培育壮苗进田；④科学合理配方施肥；⑤科学倒行管理；⑥实行科学整枝整形；⑦加强病虫害防治；⑧科学采摘、烘烤干制与加工。通过田间设点试验观察，查找有关技术资料，以及请求名师帮助，笔者采用各种得力措施，使线辣椒的产量和质量得到很大提高。通过村广播、办黑板报、召开现场会、印发材料等方式，笔者把技术及时传授给群众，群众很快从中受益，线辣椒产量由原来每 667 平方米 50 千克左右提高到 300～400 千克。王屯村线辣椒以果角长大、果肉肥厚、颜色纯正、辣味浓香可口而驰名全国市场。

为了把这一成功且有一定经济效益的科学技术成果造福于民，笔者编写了《线辣椒优质高产栽培》一书，书稿受到西北农林科技大学有关专家的好评。《陕西科技报》于 2003 年至 2005 年全文连载，向社会公开发表以指导生产。西安市科技局于 2006 年 1 月印发各区、县，在“科技之春三下乡”活动中发放 5 000 余册。书稿在编写以及文献资料整理过程中，受到陕西电视台、西安电视台、周至电视台、西安日报等单位的关注，同时得到陕西省农业科学院蔬菜专家庄灿然研究员，西安市科技局农社处周新民处长，周至县猕猴桃试验站张清明站长，周至县科技局张乐局长，陕西科技报社邓东来主编，周至报社纪卓瑶、薛元蕊，周至县科协徐超产以及钮亚军、钮西军、袁卫民等人的大力支持和帮助，在此一并感谢。由于笔者水平所限，书稿不当之处，敬请广大读者批评指正。

钮宏儒

2006 年 7 月

通讯地址：陕西省周至县尚村镇王屯村三组
邮政编码：710403
咨询电话：029－85161423

目　录

一、线辣椒的形态特征和生长发育的环境条件 …………………………… (1)
(一)线辣椒的形态特征 …………………… (1)
1. 根 ………………………………… (1)
2. 茎 ………………………………… (2)
3. 叶 ………………………………… (3)
4. 花 ………………………………… (3)
5. 果实 ………………………………… (4)
(二)线辣椒生长发育的环境条件 …………… (4)
1. 温度 ………………………………… (5)
2. 光照 ………………………………… (6)
3. 水分 ………………………………… (6)
4. 土壤肥料 …………………………… (7)
二、线辣椒优良品种 ………………………… (8)
(一)8819 ………………………………… (8)
(二)冠秦 19-1 …………………………… (8)
(三)冠秦 19-3 …………………………… (9)
(四)丰力一号 …………………………… (10)
(五)981 ………………………………… (10)
(六)98B52 ……………………………… (11)
(七)王屯红 ……………………………… (12)

(八)冠秦超长 19-1 …………………………… (12)
(九)西农 20 号 ………………………………… (13)
(十)七寸红 ……………………………………… (13)
(十一)八寸红 …………………………………… (13)
三、线辣椒育苗技术 ……………………………… (15)
(一)育苗移栽的好处 …………………………… (15)
(二)育苗方式 …………………………………… (15)
(三)育苗前的准备 ……………………………… (16)
(四)育苗前的种子处理 ………………………… (18)
1. 种子的选择 ………………………………… (18)
2. 种子消毒 …………………………………… (18)
3. 浸种催芽 …………………………………… (19)
(五)育苗 ………………………………………… (20)
1. 棚室播种前的准备 ………………………… (20)
2. 土壤消毒 …………………………………… (20)
3. 播种时间和播种方法 ……………………… (20)
(六)苗期管理 …………………………………… (21)
(七)苗期病虫害防治 …………………………… (22)
四、线辣椒间作套种技术 ………………………… (24)
(一)线辣椒间作套种的原则 …………………… (24)
(二)线辣椒套种的主要方式 …………………… (25)
(三)实行小麦辣椒套种的好处 ………………… (26)
(四)小麦辣椒套种的技术要求 ………………… (26)
五、线辣椒大田移栽技术 ………………………… (29)

(一)线辣椒移栽前的技术要求 …………………… (29)
(二)实行科学配方施肥 ……………………………… (29)
1. 换算方法 ………………………………………… (30)
2. 具体施用量 ……………………………………… (31)
3. 施肥时间和施肥方法 ………………………… (31)
(三)移栽前的施肥浇水 ……………………………… (31)
(四)移栽时间 ……………………………………… (32)
(五)移栽方法 ……………………………………… (32)
六、线辣椒大田管理技术 ……………………… (34)
(一)及时查苗补苗,保证苗全苗壮 ……………… (34)
(二)及时中耕松土除草 …………………………… (34)
(三)定植后的浇水和施肥 ………………………… (35)
1. 缓苗肥 ………………………………………… (35)
2. 现蕾肥 ………………………………………… (35)
3. 催花促果肥 …………………………………… (37)
4. 促果膨大早熟肥 ……………………………… (38)
(四)五步整枝法 …………………………………… (38)
(五)成熟期的管理 ………………………………… (39)
1. 推株并垄的方法 ……………………………… (40)
2. 推株并垄的主要优点 ………………………… (40)
3. 线辣椒成熟的标准 …………………………… (40)
4. 采摘、选种与分级 ……………………………… (41)
5. 采摘期的综合管理技术 ……………………… (42)
(六)管理技术失误的补救措施 …………………… (42)

七、线辣椒塑料薄膜覆盖栽培技术 …………… (43)
(一)目前常用的覆盖方式 ………………………… (43)
(二)采用塑料大棚栽培的优点 ……………………… (44)
(三)塑料大棚育苗技术 ……………………………… (45)
1. 品种选择 ……………………………………… (45)
2. 土壤选择 ……………………………………… (46)
(四)定植及定植后的管理 …………………………… (46)
1. 控制温度 ……………………………………… (47)
2. 加强水肥管理 ………………………………… (47)
(五)秋季大棚覆盖后的管理技术 ………………… (48)
(六)塑料大棚地膜覆盖栽培要点 ………………… (48)
八、线辣椒选种育种技术 ………………………… (50)
(一)品种退化的原因 ………………………………… (50)
(二)防止品种退化的途径 …………………………… (51)
1. 精选良种 ……………………………………… (51)
2. 建立种子田 …………………………………… (51)
3. 适时引种,丰富良种资源 ……………………… (52)
4. 积极开展杂交优势的利用 …………………… (53)
5. 种子采收 ……………………………………… (55)
6. 种子贮藏 ……………………………………… (56)
九、线辣椒病虫害及其防治 ……………………… (57)
(一)病虫害的预测预报 ……………………………… (57)
1. 诱测法 ………………………………………… (57)
2. 罩笼观察法 …………………………………… (57)

3. 预测观察法 …………………………… (57)
(二)线辣椒病害及其防治 …………………… (58)
1. 炭疽病 …………………………………… (58)
2. 病毒病 …………………………………… (59)
3. 猝倒病 …………………………………… (60)
4. 枯萎病 …………………………………… (61)
5. 立枯病 …………………………………… (62)
6. 疫病 ……………………………………… (63)
7. 青枯病 …………………………………… (65)
8. 软腐病 …………………………………… (66)
9. 黑斑病 …………………………………… (67)
10. 日灼病和脐腐病 ………………………… (68)
11. 三落病 …………………………………… (69)
(三)线辣椒虫害及其防治 …………………… (70)
1. 蚜虫 ……………………………………… (70)
2. 地老虎 …………………………………… (72)
3. 温室白粉虱 ……………………………… (74)
4. 烟青虫 …………………………………… (77)
5. 甘蓝夜蛾 ………………………………… (79)
十、线辣椒干制烘烤技术 …………………… (82)
(一)线辣椒烘烤干制的好处 ………………… (82)
(二)烘烤炉的建造 …………………………… (82)
(三)烘烤前的技术要求 ……………………… (84)
(四)烘烤后升温排潮技术 …………………… (85)

（五）倒盘检查 …………………………………… (85)
（六）分级与包装 ………………………………… (86)
十一、线辣椒简易贮藏与加工技术 …………… (87)
（一）线辣椒的简易贮藏 …………………………… (87)
1. 缸藏法 …………………………………………… (87)
2. 沟藏法 …………………………………………… (87)
3. 堆藏法 …………………………………………… (88)
4. 草木灰贮藏法 …………………………………… (88)
5. 塑料袋贮藏法 …………………………………… (88)
（二）线辣椒的简易加工 …………………………… (88)
1. 辣椒砖 …………………………………………… (88)
2. 辣椒豆瓣酱 ……………………………………… (89)
3. 辣椒油 …………………………………………… (89)
4. 腌辣椒 …………………………………………… (90)
5. 辣椒粉 …………………………………………… (90)
附录　务辣椒经 ………………………………… (91)

一、线辣椒的形态特征和生长发育的环境条件

（一）线辣椒的形态特征

1. 根

线辣椒初生根垂直生长，先端遭到破坏后，便从留下的根系或侧根上发生许多新的侧根，向四周生长，大约分布在地下17～20厘米的表土层（图1）。既不耐高温干旱，又怕土壤过于潮湿，其植株在见湿见干的中性、弱酸性或弱碱性的土壤中生长较好。高湿季节土壤含水量过高，或多雨天气形成土壤过分渍水，往往会影响根系正常生长，引起落花落果，严重时会因生理缺水发生萎蔫

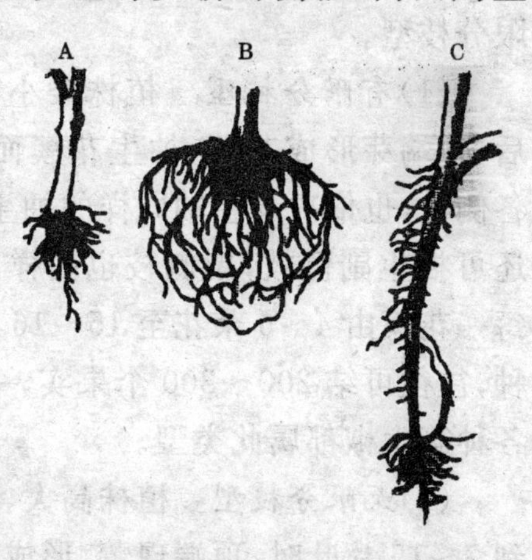

图1　不同栽培方式根系的形态

A. 直播根　B. 移栽根　C. 不定根

而枯死。

2. 茎

线辣椒的茎较直立，腋芽萌发力很弱，株丛较小，适于密植。当主茎长到 8～15 片叶时，茎端现蕾开花，花下部第二至第三节处长出 2～3 个侧枝。在温度适宜、营养状况良好的条件下，若侧枝都能均匀而健壮生长，结果就多。在不利条件下，则可能仅有1～2 个侧枝正常生长，其余的侧枝细弱，着花多不正常，而不能结实或很少结实。

按辣椒的分枝结果习性，可分为有限分枝型和无限分枝型。

(1)有限分枝型　植株矮小，主茎长到一定叶数后，顶端芽形成花芽，抽生花簇而封顶。然后主轴上各侧枝，也依次与主轴同样的抽生顶生花簇。侧芽上还可抽生副侧枝，副侧枝也同样可能抽生顶生花簇。每一花簇由 4～6 朵花至 15～16 朵花不等，花多的品种，往往可结 200～300 个果实，一般为小型，味辛辣，各种簇生椒都属此类型。

(2)无限分枝型　植株高大，生长茁壮，当主茎长到 7～15 片叶时，顶端现蕾，形成单生花芽，并在花芽下位形成 2～3 个分枝，多者四五个。在正常条件下，每个分枝上又形成花芽和分枝，依次向上生长。绝大多数栽培品种属于此类型。

3. 叶

线辣椒叶片多为单叶，互生，卵圆形或长卵圆形，无缺裂。

4. 花

多数栽培品种为单生花，每节只着生 1 朵花，果实大多下垂生长，簇生椒一般再隔数节着生一簇花，果实多朝天生长。

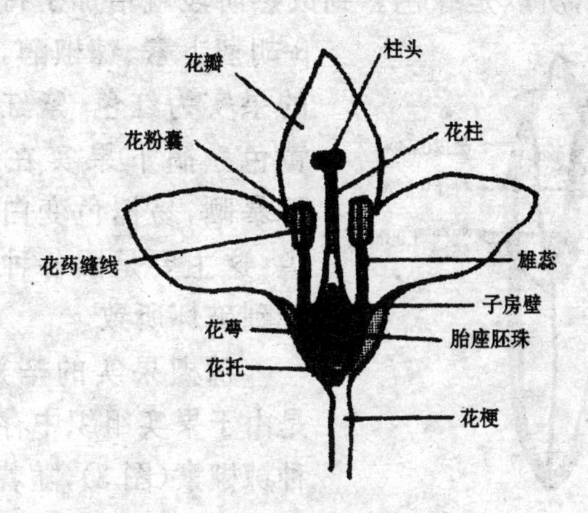

图 2　线辣椒花的构造

线辣椒的花为雌雄同花，属常异交授粉植物，花柱比雌蕊、雄蕊长，天然杂交率高，为 10%～30%，所以不同品种的种子田之间要有 500～1 000 米的隔离区，以防杂交，引起品种退化。在营养不良情况下，短花柱的花增多，受精不良，落花率增高。各节位上的花随着营养供应状况由下往上递减，花的质量也随之渐弱，所以上部花往往因营养不良而落花，引起落花率的增多。

5. 果　实

果实为浆果，果皮与胎座组织往往分离，形成较大的空腔，长形果多为 2 心室，圆形果或灯笼形果多为 2～4 心室。

辣椒果实从开始生长到成熟有明显的色素变化，在果实未成熟阶段，类胡萝卜素含量较少，主要是叶绿素着色，所以是绿色。到成熟阶段就增加了特有的β-胡萝卜素、辣椒醇，成熟的果实为红色、紫红色或黄色。摘下果实在阳光下暴晒，易褪色变白或白尖，这主要是因各种色素受到破坏所致。

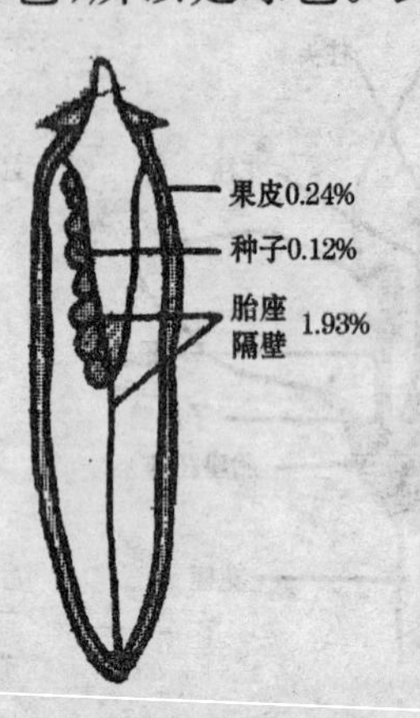

图 3　辣椒素在果实内的分布

辣椒果实的辛辣味，是由于果实组织中存在一种辣椒素(图 3)，随着果实成熟而逐渐增加，在同一果实中，辣椒素的含量以胎座及隔壁中的含量较多，而果皮含量较少，种子中更少。

(二)线辣椒生长发育的环境条件

线辣椒和其他蔬菜一样，在其一生的生长、发育、开花、结果的过程中，与外界的环境条件有着密切的关系，受外界环境条件的影响和制约。只有掌握线辣椒与外界环境条件的关系，采用正确的栽培技术，才能获得优质高产的线辣椒。

1. 温　度

辣椒起源于南美洲热带地区，在长期的热带气候条件下，使它形成了喜温暖和不耐寒的特性。

辣椒生长的适宜温度为 20℃～30℃，低于 15℃不能发芽，幼苗期要求较高的温度，温度低则生长迟缓。随着植株的生长，从营养生长到结实，适宜生长的温度逐渐变低，即在生长前期，适宜生长的温度较高(达 30℃)，而生长后期，适宜的温度较低。开花初期白天适宜温度为 20℃～27℃，夜间适宜温度为 15℃～20℃，低于 15℃或高于 40℃易造成落花或单性结实，尤其是夜温过高影响更大。这主要是因为在高温下，呼吸旺盛，糖类积累减少，花小，花粉发育不完全，容易落花、落果，形成畸形果。而秋季由于辣椒对外界环境条件的适应能力增强，较低的气温对结实影响不大。

据报道，辣椒受精时一般对温度的要求为15℃～36℃，适宜的日平均气温为 22℃～27℃，空气相对湿度 52%～66%较好，超过 80%或低于 40%对开花不利。进入盛果期后，适当降低温度则有利于结果，即使降到 8℃～10℃时，果实也能很好发育。

进入结果期后，土壤温度过高，尤其是强光暴晒地面对发根不利，严重时暴露的根系会变褐死亡。

2. 光　照

在充足的阳光下，光合作用旺盛，光合产物就会增多，这对线辣椒茎叶生长及果实发育都是有利的；而在弱光下，糖类的积累减少，容易引起落花，果实生长缓慢，结实率低。

日照的长短对辣椒的生长发育、开花结实也有着重要的影响。Cochran 关于日照对甜椒的生育、开花及结实的试验结果表明，不论在哪个温区，长日照区都比自然日照区株型高、鲜果重、生育优良，但在花芽的形成、开花等方面则自然日照区比长日照区优越，花芽形成早，早开花，早成熟，花数和果数多，坐果率也显著增加，产量就高。

充足的阳光对线辣椒的花芽分化与结实都是有利的。如果光照过弱，仅有自然光照的 50%以下，花芽分化延迟，第一花着生节位较高，容易落花。在强光直射下，果实发育不良，且易得日烧病。

3. 水　分

线辣椒的单叶面积较小，蒸发量小，比茄子和番茄较耐干旱，但由于根群不发达，主要根群仅分布在 10～17 厘米的表土层中，不经常保持土壤湿润，难以满足线辣椒对水分的需求，难获高产。如果受水淹数小时后，植株就会萎蔫，引起大量落花、落叶和落果，严重时会引起植株死亡。线辣椒前期需水量较少，随着植株的生长结实，需水量也随之增多。一般除过分干旱需浇水外，可以随移栽施肥进行浇水。进入结果期以后，经常保持较湿润的土壤对线辣椒生长结实有利。

4. 土壤肥料

线辣椒以地势平坦、排水良好、肥沃深厚的土壤上生长良好，一般沙质土、两合土、黏质土都可以栽培，但不宜栽种在低洼积水的土壤上。切忌与茄科作物连作。土壤中营养状况的好坏对辣椒的生长发育影响较大，在气温正常情况下，氮肥过多，磷、钾肥不足，枝叶徒长，导致落花；氮肥不足，植株生长势弱，花芽分化少而晚。所以在施肥时，一定要注意配合一定量的磷、钾肥和适量的多元微肥。

二、线辣椒优良品种

(一)8819

【特征特性】 植株属自封顶生长类型，株型紧凑。结果集中于中下部，果长 15 厘米，肉质厚，辣味适中，色泽红。高抗病毒病和炭疽病。每 667 平方米产干椒 300 千克左右，为早熟高产抗病的优质品种。

【栽培要点】 每 667 平方米用种 250 克，适于小麦辣椒套种，结果集中且果实较大，易压弯茎秆。每 667 平方米施硫酸钾 10 千克，磷酸二铵 25 千克。8819 易发侧枝，影响早熟高产，应及时除掉侧枝。浇水时采用隔行交替浇水，抓紧病虫害防治。

【注意事项】 本品种不能连种二代，种子纯度 90%，种子净度 90%，发芽率 80%。

(二)冠秦 19-1

【特征特性】 植株属自封顶生长类型，比 8819 早熟 10 天，长势健壮，根系发达，株型紧凑，叶片肥厚深绿，对果实覆盖较好。果实线形簇生，集中于中下部，果长 19～20 厘米，成熟早，色泽发亮鲜红，肉质厚，味辣，营养丰富，适合于干制和加工，移栽生育期140天。高抗病毒病、炭疽病、青枯病，适应性强。每667平方米产优质干椒350千克左右。

【栽培要点】 落水点播育苗，穴距6.6～8.3厘米，每穴3～4粒，留苗2～3株，最适宜小麦辣椒套种。移栽行距60厘米，穴距25厘米，每667平方米施优质有机肥5 000千克，磷酸二铵25千克，硫酸钾10千克，尿素25～30千克。开花时培土加垄，实行隔行交替浇水，及时整枝打杈、防病防虫可获更高产量。

【注意事项】 种子纯度95%，净度95%，发芽率85%，水分8%，本品种不宜留种。

（三）冠秦19-3

【特征特性】 植株属自封顶生长类型，比8819早熟7～10天，移栽后生育期140天。长势健壮，根系发达，株型紧凑，叶片厚实深绿，对果实覆盖较好。果实线形簇生，集中于中下部，果长17～18厘米，色泽鲜红发亮，肉质厚，味辣，营养丰富，适合于干制和加工（封三）。高抗病毒病、炭疽病、青枯病，耐重茬，适应性强。每667平方米产优质干椒300千克左右。

【栽培要点】 落水点播育苗，穴距6.6～8.9厘米，每穴3～4粒，留苗2～3株，最适宜小麦辣椒套种。移栽行距80厘米，穴距25厘米，每667平方米施优质有机肥5 000千克，磷酸二铵25千克，硫酸钾10千克，尿素25～30千克。开花时培土加垄，实行隔行交替浇水，及时整枝打杈、防病防虫可获更高产量。

【注意事项】 种子纯度95%，净度95%，发芽率85%，水分8%，本品种不宜种植二代。

（四）丰力一号

丰力一号株型紧凑，叶片深绿，结实高度集中于中下部，层差小。果实粗线形，长15～18厘米。对辣椒的炭疽病、病毒病、疫病、枯萎病以及烂果、落果现象都有很强的抗性。比8819早熟2～3天，是8819以后的一个特优品种，2005年在陕西省宝鸡市眉县、扶风县、岐山县、凤翔县、渭南等地试验，品种均表现抗性强、产量高、果角长、品质优。每667平方米产优质干椒250～300千克。

（五）981

【特征特性】 植株属自封顶生长类型，植株生长健壮，株型紧凑，株高70厘米，分枝上挺，立体结果集中簇生，单株结果50个。果长15～17厘米，横径1.3厘米，果角整齐，上下层差小，干椒条纹细密，色泽红亮，辣味适中，中熟。对辣椒炭疽病和病毒病及疫病抗性强，耐高温，耐阴雨，耐重茬。每 667 平方米产优质干椒 250～300 千克，高者可达 400 千克，丰产性好，综合抗性强，适应性广，是理想的外贸出口椒。

【栽培要点】 陕西关中地区一般 2 月下旬至 3 月上旬育苗，5 月中上旬定植，株距 65 厘米×25 厘米，每穴 2～3 株，每 667 平方米用种量 250 克，管理上以促为主，实行配方施肥，增施磷、钾肥，及早除掉茎部侧枝，合理浇水，不要大水漫灌，提早预防病虫害，促控结合，以防徒长，与小麦或玉米、油菜均可套种，可获更高产量。

【注意事项】 种子纯度 98%，净度 95%，发芽率 90%，水分 8%，不宜二代留种。

（六）98B52

【特征特性】 植株属自封顶生长类型，植株生长健壮，株型紧凑，株高 70～75 厘米，叶肥厚深绿。果实线形，长 15～18 厘米，横径 1.3 厘米，结果集中于中下部，单株结果 55～60 个，果角肥厚，辣味适中。适应性强，耐高温，耐阴雨。每 667 平方米产干椒 300 千克左右。

【栽培要点】 落水点播育苗，穴距 6.6～8.3 厘米，每穴 3～4 粒，留苗 2～3 株，果实较大，易压弯茎秆。每 667 平方米施鸡粪 5 000 千克，磷酸二铵 25～30 千克，硫酸钾 10 千克，尿素 30 千克。在麦收前 30

天移栽定植，穴距20厘米。该品种易发侧枝，应及时除掉茎部侧枝，及时浇水，在开花时培土加垄，加强病虫害防治。

（七）王屯红

王屯红是笔者在周至县尚村镇王屯村当地线辣椒品种七寸红中遴选出来的适于当地条件的优良品种。株高70～75厘米，植株生长健壮，根系发达，株型紧凑，叶片肥厚深绿。果实呈线形，长18～19厘米，横径1.44厘米，结果集中于中下部。穴距6.8～7厘米，每穴3粒，留苗2～3株。每667平方米施鸡粪5 000千克，磷酸二铵25～30千克。尿素30千克，在麦收前30天定植，穴距20厘米。每667平方米产干椒350千克。

（八）冠秦超长19-1

冠秦超长19-1是新育成的19-1改进品种，比冠秦19-1产量更高，比其他品种结果早，提前上市7天以上。株型十分紧凑，生长健壮，叶片厚实，深绿。果实线形簇生，集中于中下部，果长20～23厘米，横径1.25厘米，红熟早，色泽鲜亮，商品特性佳。高抗病毒病、青枯病、疫病，抗逆性强，适应性很广。每667平方米产干椒350千克以上。

(九)西农 20 号

西农 20 号株高 70 厘米,株幅 40～50 厘米。果实细长羊角形,老熟果实鲜红,辣味适中。对病毒病、枯萎病抗性较强,耐热耐旱。每 667 平方米产干椒可达 200～250 千克,适宜关中各地栽培。2 月下旬至 3 月播种育苗,5 月中旬定植,行穴距 35 厘米×15 厘米,9～10 月份采收。

(十)七 寸 红

七寸红苗种生长势强,株高 150～155 厘米,株幅 40～45 厘米。果实长 20～23 厘米,横径 1.2～1.3 厘米,成熟果实鲜红色,适合鲜售和干制。该品种适于关中各地,以周至、户县一带种植较集中。一般 2 月中旬至 3 月初育苗,5 月中下旬定植移栽,适于高肥土壤栽培,每 667 平方米可产干椒 150～175 千克。

(十一)八 寸 红

八寸红株型紧凑,株高 145～150 厘米,株幅 50 厘米。该品种生长势强,抗炭疽病和病毒病,有很强的抗倒能力。果实长 18～19.7 厘米,辣味芳香,香辣可口,适于中等肥力土壤栽培,结果性能好,多集中于上层。生育期 130～140 天。2004～2005 年在宝鸡市岐山、凤翔一带栽种效益很好，每 667 平方米产干椒 300～400 千克。是目前生产上比较理想的外贸出口干制辣椒品种，成熟集中，要抓紧时间采摘。

三、线辣椒育苗技术

（一）育苗移栽的好处

一是可以缩短生育期，育苗移栽的线辣椒比直播的线辣椒早熟7天。

二是育苗移栽的线辣椒产量高、质量好，实行小麦辣椒套种可以取得小麦辣椒双丰收，每667平方米除收150～200千克优质干椒，还可收300～400千克优质小麦。

三是实行育苗移栽省工、省地，管理精细，能保证苗全苗壮，促根早发。

四是育苗移栽的辣椒，果实长大，肉质肥厚，颜色新鲜，辣味浓香，很受广大消费者欢迎。

五是育苗移栽能培育壮苗，保证苗全苗壮。

（二）育苗方式

一是露地育苗。在适宜的土壤气候条件下，多用平畦栽培方式在露地育苗。

二是设施育苗。温床育苗，用电加温或酿热物加温；阳畦育苗，常用风障，不加温；塑料大棚育苗，以平畦方式育苗，可用地热线加温；日光温室多以平畦方式育苗（图 4，图 5）。

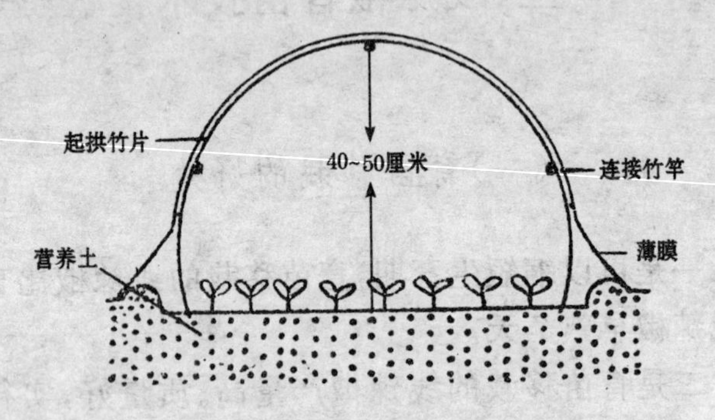

图 4　拱型冬育苗温床横断面

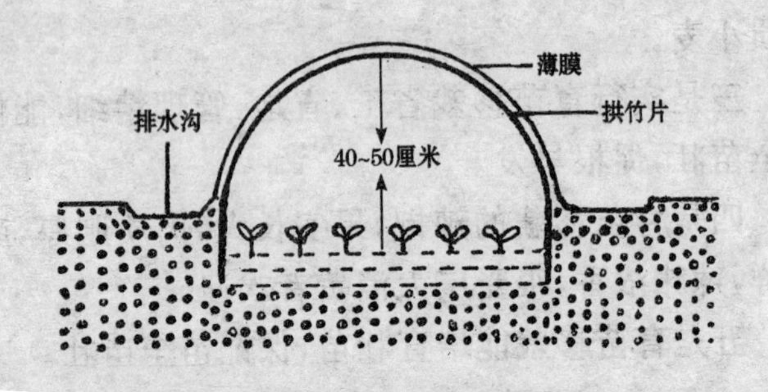

图 5　地堂式冬育苗温床横断面

（三）育苗前的准备

一是精选优良品种。要求株型适中、抗逆性强、高产优质早熟品种，如冠秦 19-1、冠秦 19-3、981、西农 20 号、七寸红等。

二是床土要求营养丰富，无土块，无病虫杂草或其他杂物，最好选用腐殖质含量高的沙壤土或中壤土。园土是配制营养土的主要成分，一般不用前茬是茄科作物的园土，园土以前茬种过豆类、葱蒜类蔬菜为好。

三是建育苗床。选择地势平坦、无低洼积水、有排水条件、背风向阳的地块建苗床，挖长 12～13 米、宽 1.5 米、深 23～27 厘米培垄做畦，垄宽 83 厘米，畦宽 1.7～2 米。打碎土块，平整畦面。

四是备足有机肥。人粪尿、猪粪、鸡粪、马粪等堆沤肥，充分腐熟晒干打碎，每床用 1050～1600 千克，与土壤拌匀。

五是备足营养土。有机肥晒干打碎过筛，掺 1/3 的细沙配制成营养土，将 50 克福尔马林对水 4～5 升喷在营养土上，喷洒后闷 2～3 天。

六是备足塑料薄膜。每床用长 13～14 米、宽 1.5 米的塑料薄膜，塑料薄膜的透明度要好。

七是晒种。将选购回来的优质辣椒种子在阳光下晾晒 24～48 小时，以便杀灭黏附种子上的病菌。

八是备足弓架。竹篾每根长 2～2.3 米，每床用 4～5 千克。

九是备足杀虫药剂，如生石灰、高锰酸钾、百菌清、敌百虫等。

十是催好种芽。

（四）育苗前的种子处理

1. 种子的选择

要求选用产量高、质量好、抗病虫害、成熟早、结果集中、辣味浓香可口、颜色深红、果实长大、果肉肥厚、适于密植的种子。要求种子纯度 95%，发芽率 90%～95%。

2. 种子消毒

(1)药物消毒　立枯病用 70%敌克松拌种(用药量为种子量 0.3%)；早疫病用 1%福尔马林浸 15～20 分钟，后用湿布覆盖闷 1～2 小时；病毒病用 10%～20%的磷酸三钠或 20%氢氧化钠浸 15 分钟，再用 1%高锰酸钾浸 15 分钟后用水冲净；猝倒病用种子量的 1%福美双、克菌丹、百菌清可湿性粉剂拌种，后直接播种；炭疽病和细菌性角斑病用 1%硫酸铜浸 5 分钟，用水冲净；疮痂病和青枯病用 1%农用链霉素，浸 30 分钟后用水冲净；用 2%氢氧化钠浸 15 分钟，或用福尔马林 300 倍液浸 15 分钟，对辣椒的猝倒病、立枯病、疫病、灰霉病和炭疽病等都有一定的防治效果。

使用药物消毒应注意：一般在用药浸种之前，应将种子置 25℃～30℃的水中浸 4～5 小时，用药液浸过后种子应立即用清水冲洗净，以免发生药害。浸泡所用的药液温度为20℃～30℃，药液浓度不宜偏高或偏低。

（2）热水烫种　方法是将种子置于50℃～55℃热水中烫5～15分钟，水量为种子量的5倍，在整个烫浸过程中，用温度计测温，不断加热水，以保证水温在50℃～55℃。

3. 浸种催芽

为了缩短种子的萌发时间，以保证出苗整齐一致、苗粗壮，线辣椒浸种时间为12小时。浸种的水量以水面没过种子2～3厘米深度为宜，种子厚度不能超过15厘米，浸种适宜温度为25℃～30℃。

催芽方法如下。

（1）恒温箱或催芽箱催芽　将种子用湿纱布包住，放在恒温箱中催芽，调节温度为28℃，每12小时用清水冲洗翻动1次。

（2）锯末催芽　在木箱内装10～12厘米无毒锯末，用粗布袋装半袋线辣椒种子，摊在锯末上，然后覆3厘米厚的湿润锯末，把木箱放在火道或热炕上并保持适宜温度。

（3）电热催芽　种子多时用此法。即将浸种后捞出的种子放在纱布上，厚度为1～2厘米，置于塑料膜中，加于电热丝之中（双层电热丝），温度控制在28℃左右。

催芽注意事项如下。

一是催芽水分要适宜，过干、过湿都影响出芽。

二是每天用清水冲洗种子1～2次。

三是温度控制，最适宜为28℃～30℃，前期温度稍高些，为30℃～35℃，后期为25℃～30℃。

四是当种子露白后，应立即停止催芽，及时播种，如不能及时播种，可将种子放在冷凉处控制发芽。

（五）育　苗

1. 棚室播种前的准备

当棚室前茬作物收获后立即清理田园枯枝残苗，挖好育苗床，填好营养土，营养土要求薄厚一致，为10厘米左右，大约每平方米苗床填营养土100～120千克，整平备用。播种前10～15天，清理干净苗床周围的杂物，备好酿热物和覆盖物，修好火炉，铺好地热线等。

2. 土壤消毒

把苗床覆盖严密，用蒸汽消毒，使土温提高到100℃以上30分钟，可以消灭猝倒病、立枯病、菌核病等病菌。

3. 播种时间和播种方法

（1）播种期的确定　做到三看：一是看大气温度是否稳定在15℃左右；二是看5厘米土层温度是否稳定在12℃左右；三是看种芽是否全部露白。

(2)浇水　播种时间确定后，先给苗床施 1～1.5 千克红磷二铵，然后浇水，必须连续浇 2 次水。待第一水全部渗下后再浇二水，水量不宜过大，明水 7 厘米为宜。水全部渗入土壤后，可用铁锨整齐床面，将水冲坑填平，再轻施细沙，有利于拔苗。

(3)喷籽　多用口喷，要求均匀一致，籽不可堆积和漏喷，可轻喷 1 次，再补喷 1 次。

(4)覆土　可用盆装土，手撒厚度为 3～5 厘米。

(5)插弓　要求间隔 67 厘米左右，要插稳插实并连上纵杆。

(6)施药　将诱杀地老虎等害虫的药剂放入苗床内，每床可放 5～7 堆。

(7)覆膜　要求将膜覆在插弓上拉直，平整一致，膜两边用土压实。

此外，要修好排水道，插上温度计，便于观察温度变化。

(六)苗期管理

一是通风。苗床内温度保持 18℃～22℃比较合适，如果低于 15℃，苗床种芽易受冻害，那就要求加强保温措施，增盖厚层薄膜或草帘，减少揭膜次数或时间。如果苗床温度超过 26℃，就要开始小通风。风口可设在背风面，但必须两头开小风口，做到晴天上午 9～10 时打开风口，下午 6～7 时关闭。如有寒风、低温要及时关闭。出苗率达到50％～60％，长出1～2片真叶，温度上升，则要随时适当加大通风口。出苗率达到80％，长出2～4片真叶，温度上升达28℃时，则要从两头扩大通风量，还可从两侧扩大通风量。如果辣椒苗长出4～6片真叶以后温度还在上升，就可结合床面浇水、间苗、拔草大揭薄膜，但要在上午11时至下午4时之间进行。如果温度突然降低或阴雨天及时关闭通风口，可以不通风。当苗长出8～10片真叶后就可大揭薄膜炼苗，浇水、拔草、喷药防虫防病，不宜用大水浇，可用撒壶洒，每天天黑以前覆膜，覆膜不需过严。

二是炼苗。辣椒苗长出10～12片真叶，就可大揭薄膜炼苗，进行苗期各项技术管理。

三是间苗。拔除堆集苗、弱苗、病斑苗、虫口苗、畸形苗。

四是浇水。如果床面裂口、辣椒苗变黄，表明辣椒苗缺水，可浇小水，明水以7厘米深为宜。

五是施肥。如果辣椒苗发黄，结合浇水每床撒施尿素1.5千克左右。为防止肥料粘在叶片和茎枝上，可用笤帚扫掉肥料后再浇水。线辣椒的发芽过程见图6。

（七）苗期病虫害防治

线辣椒的苗期病害主要是猝倒病，以侵害苗茎为

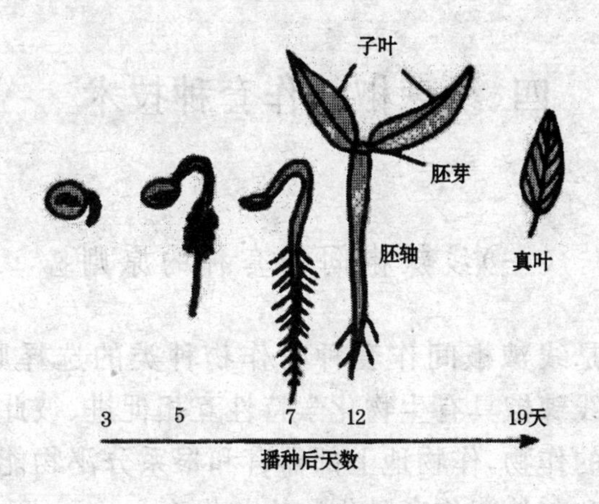

图 6　线辣椒的发芽过程

主，传播快。初发现倒苗最好拔掉病株，也可喷百菌清或多菌灵溶液 800～1 000 倍液，或用硫酸铜与生石灰配制的波尔多液喷洒，育苗前用甲醛液处理床土。

线辣椒的苗期虫害主要是蚜虫、地老虎、烟青虫，可用敌百虫 500 克加水 4～5 升，喷青草和菜叶进行诱杀，可用 50％多菌灵 1 000 倍液浸种，也可用乐斯本 500 倍液防治。滴水点播，方格育苗，培育壮苗。即育苗下种前将整理好的苗床划为方格，每个方格用清水将辣椒籽滴入方格，每个方格留苗 3～4 株，加强水肥、病虫防治等技术管理，每个方格定植 1～2 株。

四、线辣椒间作套种技术

（一）线辣椒间作套种的原则

一是线辣椒间作套种时作物种类的选择原则。选用与线辣椒具有生物化学特性互相促进、彼此有保护作用的作物，作物地上部器官和根系分泌物能促进线辣椒和其他间作套种作物生长发育。

二是线辣椒间作套种时作物品种的选择原则。选择直立型株型和小叶型的作物品种，同时根据共生期生态环境的需要，考虑品种属性，如线辣椒和小麦套种，需选小麦早熟品种，以缩短共生期；线辣椒与菜豆或豇豆套种则需选晚熟品种，使菜豆和豇豆的生物化学特性促进和保护效应延长。

三是合理的套种配比结构原则。如小麦线辣椒玉米套种模式，套种前期，小麦是主要作物，小麦与线辣椒行比是 4∶6，套种后期线辣椒是主导作物，线辣椒与玉米的行比为 4∶1。

四是能充分发挥玉米的机械保护作用。如果每 667 平方米玉米密度由 560 株增加到 704 株，玉米可增产 16%，但线辣椒减产 32%。

五是确定适宜的共生期。要错开套种作物生育期高峰，在最大的保护作用时期内进行套种，尽可能在田间管理协调一致的情况下进行套种，将共生期不利的时间减到最少。

（二）线辣椒套种的主要方式

一是线辣椒与玉米套种。

二是小麦线辣椒玉米套种。在冬小麦与线辣椒套种的基础上，在冬小麦收前 20～25 天，于线辣椒栽培的空带中按玉米的行距、株距要求点播上玉米。玉米密度为每 667 平方米 500 株，玉米的行距 266 厘米，穴距 67～100 厘米，每窝 2 株，或在小麦收后播玉米。

三是夏播玉米大蒜线辣椒套种。于 6 月上旬种玉米，行距为 70 厘米，于 8 月中旬将玉米大行开沟，栽种大蒜 3 行，大蒜行距 16 厘米，株距 10 厘米，玉米按正常管理措施进行。除去玉米秆后重点管理大蒜，于翌年 3 月底至 4 月中上旬移栽线辣椒，线辣椒行距 70 厘米，株距 30～35 厘米。大蒜于 5 月下旬收后开始点播夏玉米，行距 65～100 厘米，株距 40～50 厘米，到 7 月中下旬玉米行间又可套种大蒜，如此循环下去。

四是线辣椒与马铃薯套种。

（三）实行小麦辣椒套种的好处

小麦辣椒套种是周至县尚村镇王屯村广大辣椒种植户几十年来，在栽种线辣椒的过程中创造出的一种行之有效的技术措施。

一是实现小麦辣椒双丰收，每667平方米可收获125～175千克的优质干线辣椒和300～400千克优质小麦。

二是能充分发挥农作物的边际效应，提高产量且线辣椒果角肥厚、麦粒饱满。

三是实行小麦椒辣套种后，辣椒苗因有小麦的保护作用不易受冻害，减少土壤水分蒸发，起到抗旱保苗作用，从而促根早发，缓苗快。

四是小麦辣椒套种能实现早字当头——早缓苗，早现蕾，早开花，早结果，早成熟，早上市。

五是小麦辣椒套种后便于小麦和线辣椒苗田间施肥浇水、中耕除草等农事操作。

六是能变三夏大忙为两夏大忙，有利于农活安排，扩大再生产增加收入。

（四）小麦辣椒套种的技术要求

一是选地。选择地势平坦、背风向阳、疏松肥沃的沙质壤土地块，还要求水电到位，交通方便。

二是留好间作带。在秋收秋播时留好线辣椒的空带约1米宽左右。

三是选择优良品种。选择高产、早熟、优质抗病的品种，如冠秦19-1、冠秦19-3、981、丰力一号、8819等都是比较理想的品种，每667平方米播种子0.3～0.4千克。

四是冬耕施肥。间作带每667平方米施腐熟鸡粪875～1120千克，结合冬翻施入。

五是育好秧苗。采用滴水点播的方法实行方格育苗，选用茎秆粗壮、根系发达、叶片肥厚、无病斑、无畸形的壮苗移栽。

六是深耕施足基肥。在冬耕施肥的基础上用镢头挖深27～40厘米，打碎土块。小麦抽穗后进行培垄、做畦，之后将足够的有机肥（每667平方米鸡粪或猪粪5000千克）施入垄畦，并与土壤混合均匀，每667平方米施25～30千克云南红磷或磷酸二铵。

七是及时移栽。将根系发达、茎秆粗壮、叶厚浓绿、无病虫害、无畸形的秧苗移栽到大田，做到随栽随浇、栽多少浇多少，及时查苗补苗。

八是倒行。在线辣椒苗进入破头期时，给线辣椒施足基肥和化肥，每667平方米施入土粪7000～8000千克，辣椒专用肥20千克，填平小行，以麦茬行做畦、浇水。

九是加强病虫害防治。做好病虫预测预报工作，以做到有的放矢，彻底消灭病虫。

十是加强叶面喷肥，以保证果实正常生长，促进早成熟。

十一是改善通风透光条件，进行推株并垄。辣椒进入成熟期后植株高大、枝叶繁茂，用手将辣椒从根基部向两侧挤压可以改善通风透光条件，促进早熟。

十二是及时采摘和烘烤。

五、线辣椒大田移栽技术

（一）线辣椒移栽前的技术要求

一是壮苗要求。壮苗进田。苗龄 55～60 天，茎秆粗壮，具 10～12 片真叶，叶色浓绿，根系发达，无病虫危害，无畸形。

二是土壤条件。选择地势平坦、无低洼积水、土壤肥沃疏松、排灌方便、交通便利的田块。要求田块无连茬，尤其是不能与茄科作物连作，无病虫害，无杂草。

三是精耕细作。冬天深翻土壤充分熟化，开春后进行春深耕 40 厘米，打碎土块，平整地面。

四是施肥要求。施足有机肥，实行科学配方施肥。

（二）实行科学配方施肥

据科学测定，每生产 50 千克干辣椒从土壤中需要吸收纯氮（N）2 050 克，吸收纯磷（P_2O_5）3 050 克，吸收纯钾（K_2O）2 550 克，吸收各类微量元素钙、镁、硫、钼、铁、锡、硼、锰等的量为 0.8%～1.3%。

主要有机肥中氮、磷、钾三要素比例见表1。

表1　主要有机肥所含氮、磷、钾比例表

含量成分／种类	有机质（%）	氮（N）（%）	磷（P_2O_5）（%）	钾（K_2O）（%）
人粪尿	19.8	1.3	0.4	0.3
猪　粪	15.6	0.5	0.12	0.4
牛　粪	14.5	0.3	0.25	0.15
鸡　粪	26	3.4	2.7	2.8
马　粪	20	0.5	0.3	0.29
有机堆肥	17.8	0.5	0.5	0.4
菜籽饼	28.1	1.75	1.9	2.6
人　尿	3.3	7.2	0.03	2.15
绿　肥	21.6	6.4	0.08	1.7
草木灰	0.06	0.17	1.6	4.5
羊　粪	20	0.5	0.5	0.25

1. 换算方法

计划产量总需肥量减去土壤原有营养元素含量就是应投入的肥料，可以一次施入，也可分期分批按线辣椒各生长季节来定量满足。生产中施肥量适当提高20%。一般以施基肥为主，基肥占总施肥量70%，缓苗肥占5%，现蕾期占5%，促果期占15%，后期占5%。

2. 具体施用量

以农家土粪为主，每 667 平方米施鸡粪 6 300～8 000 千克，土杂肥（由人粪尿、猪粪和堆沤肥组成）7 000～8 800 千克，也可用阿姆斯有机生物肥25～30千克，秦帝有机肥 50 千克。

3. 施肥时间和施肥方法

一般在小麦抽穗后 4 月中旬至 5 月上旬施入，在冬春精细耕作的基础上，用铁锨将空带的土向两侧翻加垄，要求垄高 26～33 厘米，畦宽 86～93 厘米，实行不等距空带，适于栽七寸红、王屯红、冠秦 19-3。也可以培等距垄，1 米空带 1 米麦行，可移栽 981、世纪红、8819、丰力一号、98B52 等密植性品种。

在垄畦做好后，于麦口栽线辣椒前，将备好的鸡粪或后院粪人工担入畦垄内，撒施均匀，并结合施化肥或有机生物肥，开沟条施，与土壤翻混均匀。

（三）移栽前的施肥浇水

移栽前 15 天要给秧苗追施 1 次肥料，每个育苗床追施尿素 1.5～3 千克，红磷 1 千克作为“送嫁肥”。移栽前 10 天，要给辣椒苗喷 1 次防虫药和防病药及叶面肥。可结合施叶面肥浇 1 次送嫁水，使秧苗达到壮苗要求。

（四）移栽时间

一是看秧苗的长相，秧龄是否是 50 天以上，是否有 12～14 片以上的真叶，顶端是否有花蕾；二是看天气变化，大气温度是否稳定在 15℃～18℃之间；三是看土壤温度，地表 7～10 厘米深处温度在 15℃以上。

移栽一般在晴天下午 4～6 时进行，以防晒伤秧苗。王屯村多采用边栽苗边浇水的方法，当天全部完成移栽。移栽时间在 4 月中下旬至 5 月中旬进行，也有拖至 5 月下旬进行移栽的，一般适当早移栽较好。

（五）移栽方法

一是带土移栽。多用于小面积试验性移栽，不宜大面积移栽。先挖坑、后浇水，再将方格中切来的秧苗栽下，用锨锄砸实，再浇 1 次水，这种方法叫坐水栽，栽后缓苗快，效果佳，但费工夫，拉运不方便。

二是无土栽植。采用无土栽植的方法缓苗效果好，适于大面积栽种。将辣椒苗拔下后将根上泥土用清水洗净后放入配制好的营养液中，营养液由尿素和磷酸二铵组成，磷酸二铵占 2/3，尿素占 1/3，对水 15～20 升，辣椒苗在营养液中浸泡 20 秒钟再栽植。要求把根放入营养液中，千万不要把枝叶放进营养液中，以免受害。先挖坑后栽植，要求坑挖大挖深，苗栽端正，栽稳踩实。栽后浇水，前边栽、后边浇。注意在移栽时无墒无雨情况下要浇水。有浇水条件的，可用大水浇，没有浇水条件的，可担水点浇，先挖坑栽苗，再浇水。可以连浇 3 天水，每天下午 4～6 时进行。浇后及时覆土保墒，有利于成活。

移栽密度：行距 93 厘米，株距 23～27 厘米，每穴栽 3 株，每 667 平方米肥地密植可栽 4 500～5 000 穴，共 13 500～15 000 株苗；薄地大秧每 667 平方米栽 3 500～4 000 穴，共 10 500～12 000 株苗，行距 1 米，株距 33 厘米。

移栽浇水后经阳光照射，水分蒸发以及水分下渗，地面发黄发白，为了减少水分和营养元素的挥发，疏松土层，以便幼根生长早，缓苗快，用大锄先锄大行，切断土壤毛细管，可减少水分和养分蒸发，调节土壤通气条件，促进生根发苗。用大锄锄松后，再用钉耙顺土。用小锄锄小行（辣椒行），打碎土块，给辣椒苗根周围覆上土，保护根系不受损伤，使辣椒苗正常生长。

六、线辣椒大田管理技术

(一)及时查苗补苗,保证苗全苗壮

移栽定植后在地面能行人的情况下,将误栽的、水冲的、踏倒的秧苗,以及病苗、虫咬的伤损苗、受旱缺水而枯死的秧苗及时查补,并注意以下几点。

一是补苗选择生长健壮的大秧苗。

二是补苗时间在定植后 1～3 天,过迟则影响生长。

三是补栽一般在下午 4 时左右进行,随栽随浇,用大水 1 次即可。如担水点浇,可连浇 3～5 天,每天下午 5 时以后进行,浇后及时覆土。

(二)及时中耕松土除草

中耕的作用有以下 3 点:一是可以破除土壤板结,改善通气状况,促进有益微生物活动,分解各类营养元素,有利于根系吸收;二是可以保墒护根,防止土壤水分和营养元素的挥发,并有护根壮根的作用;三是可以除掉杂草,防止营养流失。

线辣椒属浅根系须根类植物,根毛大部分分布在土壤 2～3 厘米的表层，既不耐干旱又怕积水过多。故线辣椒的中耕原则是先浅后深，农谚讲得好“头遍浅，二遍深，三遍四遍刨土来护根”。多根据土壤墒情、浇水次数、杂草生长情况进行中耕，中耕要抓好保墒护苗与除草。

（三）定植后的浇水和施肥

线辣椒定植至采拾结束，一般分 4 个阶段施肥：缓苗肥、现蕾肥、催花促果肥、促果膨大早熟肥。

1. 缓苗肥

定植至破头开花分杈，需 45～55 天，即 4 月中下旬至 5 月中下旬，即麦收前。此期对肥料需求不大，而对水分需要量较多些。在原基肥营养欠缺的情况下，可结合浇水，施一定量的氮肥，每 667 平方米施尿素 5～7.5 千克，或磷铵 15～20 千克。在磷、钾不足的情况下可施硫酸钾或复合性专用肥或生物肥，肥料用量不宜过多，可以分次施用，每 667 平方米施用量不超过 25 千克。

2. 现蕾肥

需 30～40 天，即 6 月上旬至 7 月中旬，正值三伏天。此期对水分和营养的需求量很大，必须充分满足其水分和养分的供给，尤其是复合多元肥必须得到供应，此期是线辣椒结果的关键时期。如果雨水不足，每隔10～13天必须浇1次肥水，每次每667平方米随水施生物微肥50千克，磷酸二铵17.5～20千克，尿素10千克。笔者采用破头一次倒行管理，效果很好。

(1)什么叫倒行技术　线辣椒由营养生长到破头开花是转向生殖生长的关键时期，大约是小麦收割后。利用小麦灭茬的机会给原栽辣行(小行)施足有机肥。每667平方米用鸡粪6 300～8 000千克，或土杂肥7 000～8 000千克，并配合生物菌肥40～50千克，或用云南红磷20千克，或用复合肥30千克，尿素15千克，或用线辣椒专用肥50千克等均可。有机肥必须晒干、打碎，施入小行与其他复合肥充分混合，将麦茬行(大行)的土用铁锨翻入栽辣行。注意翻入栽辣行的土不能过多，使栽辣行水能通过为宜。将麦茬行做畦培垄与浇水、拔草、整枝、除虫等综合进行，这种综合管理方法叫做倒行技术。

(2)线辣椒倒行后的优点　一是可以促进早缓苗，早结实，早成熟；二是提高土壤保水能力，减少蒸发，减少浇水次数，提高浇水效率2～3倍；三是提高土壤保肥能力，提高肥效3～5倍；四是可以减少中耕与浇水的矛盾；五是可以节约开支，提高劳动效率；六是有利于农事季节农活安排；七是可以彻底消灭杂草。

(3)倒行注意事项要求　一是倒行时间要抓早，

在破头开花前进行；二是备足优质有机肥，鸡粪等晒干打碎，和各类化肥搅拌均匀；三是改大水漫灌为小水渗灌，垄畦要平整通畅，无积水；四是浇水量要足；五是倒行前必须去除茎基侧芽侧枝；六是倒行前喷多元微肥1次，防虫、防病各1次；七是倒行最好在上午9～10时或下午4时以后进行。

(4)倒行试验观察　表2为倒行试验观察表，历年所做试验面积均为1 334平方米，单株面积200平方厘米。从表2中可以看出倒行线辣椒的单株结实数是不倒行的1～1.5倍。历年试验表明，倒行的线辣椒比不倒行的果角大、肉质厚、辣味浓；倒行的线辣椒病虫少，不倒行的病虫易发生；倒行的辣椒产品质量好，市场售价高。

表2　倒行试验效果比较

年　份	总产量(千克)		单株结实数(个)	
	倒行区	不倒行区	倒行区	不倒行区
1999	175	50	230	180
2000	208	145	249	203
2001	227	156	237	163
2002	217	162	268	222
2003	233	144	254	216
2004	238	187	296	233

3. 催花促果肥

需35天左右，7月上旬至8月中旬。此期需水量大，营养要求高、种类多。大约每 10 天浇 1 次水，每 20 天施 1 次促果肥，以磷、钾肥和微肥为主，每 667 平方米施云南红磷 25 千克，尿素 15 千克。如果发现地面发黄干裂，就要浇水。发现辣椒苗果实不大、花少，就要施速效肥或喷施叶面肥。

4. 促果膨大早熟肥

此期如果管理松懈，线辣椒果角就不易成熟变红，所以每采 1 次就需喷 1 次磷酸二氢钾、尿素、磷酸二铵，做到辣椒不拔秆、管理不停点。

（四）五步整枝法

线辣椒株型为疏层分散型，要使其长成固定骨架株型，就要人为控制它的生长势头。经过笔者多年研究试验，必须通过五道完整系统的整形过程才能达到理想形态，即扳侧枝、剪油条、打群尖、疏花疏果、剪空枝打老叶。

一是扳侧枝。在破头开花前进行，把主分枝以下基部的侧芽或侧枝扳掉，减少营养消耗，调节通风透光条件。

二是剪油条。对于扳侧枝不能及时彻底清除的一些侧芽侧枝，用铰枝剪从基部铰断。

三是打群尖。由于营养元素充足，一些果枝的长势会影响果实质量，影响通风透光条件，必须从果枝末端剪掉，每个果枝上控制结 8～10 个果实。

四是疏花疏果。由于果枝旺长直接影响中下层结果质量，可以把末端的花和幼果摘除，提高结果质量，促使早熟。

五是剪空枝打老叶。进入采摘期，人们采摘果实后出现的一些空枝和老叶直接影响后期果角成熟，可以剪除。

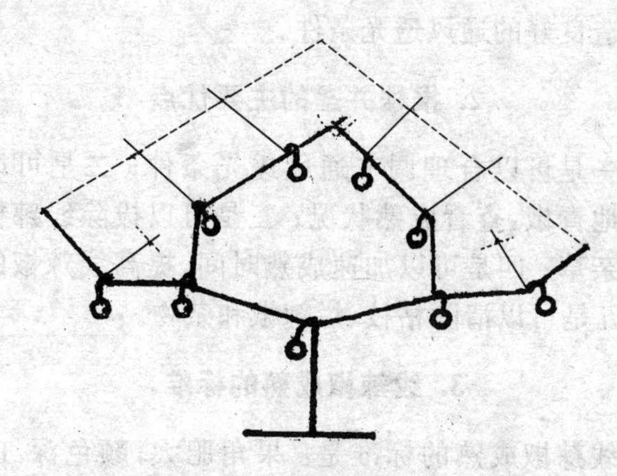

图 7　线辣椒整枝

（五）成熟期的管理

线辣椒到了成熟期，植株生长茂密，枝条纵横交错，以及杂草清除不彻底或管理不当等原因，影响了通风透光条件，造成大量落花落果，导致产量下降。采用推株并垄的方法可以调节通风透光条件，解决群体郁闭问题，促进早熟，提高果实质量。

1. 推株并垄的方法

可以用两手将辣椒植株从茎基部约5厘米处，用力向两侧推压，用脚将根部踏实，使植株向两侧倾斜。推株并垄时挤压不要用力过猛，以免伤根伤枝。在推株并垄的同时，可结合进行拔除杂草、捡拾落地青椒，以创造良好的通风透光条件。

2. 推株并垄的主要优点

一是可以合理调节通风透光条件；二是可以捡拾落地青椒，查看成熟状况；三是可以拔除线辣椒田里的杂草；四是可以加速成熟时间，提高线辣椒的品质；五是可以清除枯枝、烂辣椒和杂物。

3. 线辣椒成熟的标准

线辣椒成熟的标准是：果角肥大，颜色深红，果肉肥厚，果面光滑，条纹清秀，果把翠绿，果形整齐，质地脆，无虫、无病斑、无畸形，辣味适中。

线辣椒成熟的迟早与品种特性、土壤的营养条件、管理的粗细程度相关。土性适中的沙壤土，肥料营养搭配合理，管理条件较好的情况下，成熟可以提早7～10天，否则成熟迟些。

当50%的线辣椒出现深红色、果面出现萎缩时一般为线辣椒成熟时期。品种8819生育期150天，冠秦19-1生育期140天，冠秦19-3生育期140天，王屯红生育期135天。

4. 采摘、选种与分级

(1)线辣椒采摘标准　果角长大，果肉肥厚，颜色深红，果把光滑，果实完整，无虫口，无病斑，无畸形，采摘后要进行挑拣分级，加工处理。

(2)采摘方法　将盛放线辣椒果实的竹笼放入大行，左手稳住辣椒树，右手轻摘成熟果实，尽力保护辣椒植株上的青椒，注意不要伤害植株。竹笼不要装得过满，以防果实被压。采摘也可和选种同时进行。

(3)选种的条件　提前做好生长状况记录，在植株上做好记号。要求植株形体高低适中，生长健壮，果枝层次多，结果多，果实整齐完整、颜色深红、条纹清秀，果角长大，无虫口、无病果、无畸果。主要选留中上层果，骨架上二、三、四层比较好。

(4)分级　将采摘回来的成熟椒，经过精挑细选，把不合格的杂色椒、青椒、烂椒、畸形椒、虫口椒、病斑椒及枯枝、烂叶清理干净。把具有本品种特征、果角长大、果形完整、颜色深红、表面光滑、条纹清秀、果肉肥厚、果梗翠绿的无虫口、无病斑的新鲜辣椒装筐，每筐4～6千克，线辣椒最好先放在阳光下照晒18～24小时，使其着色，再入炉烘烤。

如果出售鲜椒，可以用玻璃丝，把线辣椒夹成1.5～2千克的小串，也可夹成0.5～1千克的小串。

5. 采摘期的综合管理技术

(1)水肥管理　如果土壤干旱,每采摘1次,浇1次水,水量不要过多,追1次肥,每667平方米施碳铵10千克,喷1次磷酸二氢钾为主的叶面肥,加50～100克尿素,也可以喷多元复合冲施肥或生物肥。

(2)防治病虫害　每采摘1次,喷1次防病虫的药,如40%杀灭绝乳剂800～1 000倍液,或75%百菌清可湿性粉剂600～750倍液。

(3)保证通风透气条件　及时剪空枝、打老叶、拔杂草,以及反向推株并垄促进青椒及早成熟。

(六)管理技术失误的补救措施

一是化肥造成烧根烧苗。如果施肥后发现酸性化肥使苗受害,可采用如下措施:①喷洒清水,使肥液淡化降低酸性;②施草木灰中和;③用生石灰中和。

二是浇水过多、低洼积水或雨水过多造成秧苗萎蔫枯死。可采取如下措施:①做好排水工作,将多余水迅速排出;②可以施草木灰或生石灰吸收水分;③晾根。将秧苗根部周围的土翻开晾晒,使土壤水分挥发,缓解土壤通气条件。

三是防治病虫发生的药害。查清药物酸碱度,采用相应措施,酸性药害可喷施碱性药、草木灰水,碱性药害可用酸性物质中和。

七、线辣椒塑料薄膜覆盖栽培技术

（一）目前常用的覆盖方式

一是阳畦。主要用于早春育苗，可根据畦的长宽用竹篾纵横连接搭成小拱棚，竹篾每 26～33 厘米纵横交叉，搭成小支架，或纵横向两头用绳或铁丝拉紧，防止支架倾斜。架上覆盖好的薄膜四周用土压实压严，晚上加盖草苫，防止被狂风吹倒和防寒。

二是小拱棚（图 8）。做成 1.3 米宽的平畦，再播

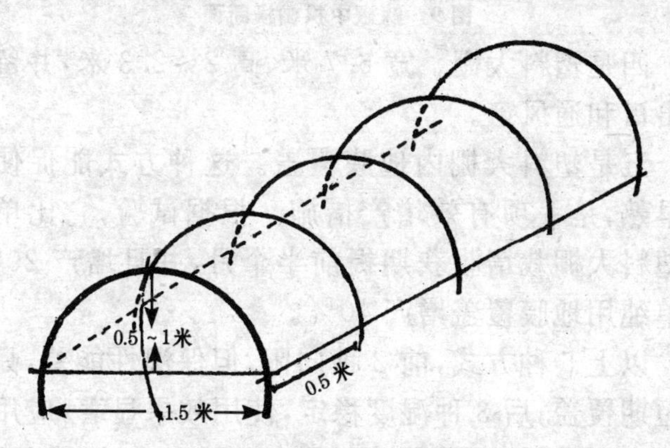

图 8　小拱棚侧面

种育苗，然后用 6 根长的细竹竿做成宽 1.3 米、高 0.5 米的半圆形支架，其上覆盖薄膜，四周用土压实压严，晚上加盖草苫防寒。

三是中拱棚(图 9)。用六分粗的木杆做成高 1.5 米、宽 2.3 米的拱形棚架,将塑料薄膜用粘合剂粘起来进行覆盖,四周用土压实,两边砸上木桩,用绳绑紧以防风吹倒,再定植辣椒苗。

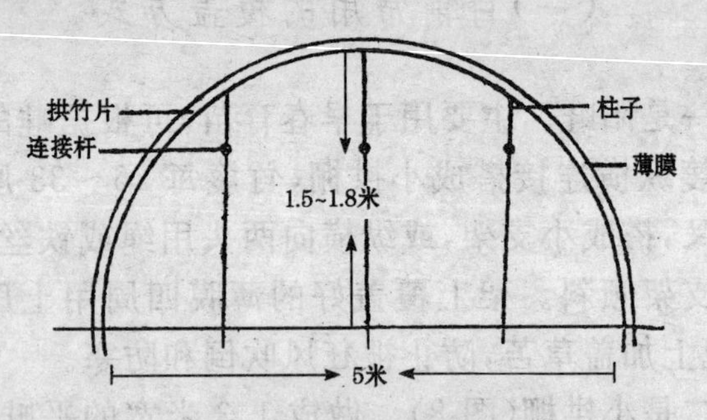

图 9　辣椒中拱棚横断面

四是塑料大棚。宽 6.7 米、高 2～2.3 米,并留有进出口和通风窗。

五是塑料大棚内地膜覆盖。这种方式能促使辣椒早熟,是一项有效增产措施。根据试验,它比单纯用塑料大棚栽培收获期提前半个月,并且增产 20%,比单纯用地膜覆盖增产 40%。

以上 5 种方式,前 2 种向阳,但保湿性能差,只能做短期覆盖;后 3 种湿度稳定,使用效果显著,应用价值较大,但棚架不易移动。

(二)采用塑料大棚栽培的优点

一是能维持较高的产量和比较稳定的经济效益。

二是能维持较高和比较稳定的地温，为线辣椒生长创造一个良好的发育条件。根据多次试验观察，早春早晨地膜内的土层地温高出外界2.4℃～2.5℃。2月上旬开始，薄膜内地温稳定高于5℃，3月份开始稳定并高于10℃，对育苗极为有利。

三是采用塑料薄膜覆盖栽培，可起到防风防雨作用。

四是地膜内通气性能差，可以保墒，防止土壤水分和营养元素挥发。

五是采用塑料大棚覆盖技术后，透光性能好，膜内光照均匀，辣椒的抗病能力大大增强，有防病虫害减少损失的作用。

六是防止外界条件的不利影响，有利于线辣椒的生长发育。

七是能提高线辣椒的产量和质量，可以使线辣椒提早成熟，延长线辣椒结果时间。

（三）塑料大棚育苗技术

1. 品种选择

为取得大棚的早熟高产，应选择耐寒抗病、高产肉厚、辣味浓香、适于密植的品种，如冠秦19-3、七寸红等。

2. 土壤选择

选用肥沃土壤、沙壤土、黏壤土育苗。从播种到开花，早熟种一般 75～85 天，中熟种为 85～100 天。根据定植期可以推算播种期，但因辣椒喜温，所以定植要求土壤 10 厘米地温稳定在 12℃～15℃，最低气温稳定在 5℃才可进行，也可根据各地不同的气温和地温而确定育苗时间，北方地区在 12 月中旬播种，翌年 3 月至 4 月初定植，育苗的方法基本与露地春季早熟栽培相同。

由于大棚育苗较早，而秧苗前期生长比较缓慢，所以在育苗前期应特别注意做好防寒工作。根据培育壮苗的要求和苗龄生长的特点，要求保持较大的营养面积。在整个前期应移植 1～2 次，一般于 2～3 片真叶时移栽 1 次，6～8 片真叶时移栽 1 次，株行距为 10 厘米×10 厘米，但要尽量注意少伤根。也可以采用营养钵育苗，营养钵育苗是防止伤根培育壮苗的好方法。

（四）定植及定植后的管理

为了促进根系迅速生长，快缓苗，早生根，定植前应施足基肥，增施磷、钾肥，使土壤保持中等肥力，并要细致整地。定植密度因不同品种特性而定，如茄门椒一般每 667 平方米可定植 4 000～4 500 株，采用穴栽，行距为60厘米，株距33厘米。定植后应抓好以下技术环节。

1. 控制温度

适宜辣椒生长的温度为20℃～30℃，低于15℃生长缓慢，高于35℃易落花落果。在土壤湿润的情况下，空气相对湿度以50％～60％为宜。棚内的高温是引起植株徒长及造成落花落果的主要原因，所以定植后棚温可保持在27℃～30℃，棚温过高应及时通风，过低应及时加盖草苫保温，以利于缓苗促早发。缓苗后应逐渐开始通风。随着气温的增高，辣椒进入膨果期后，棚内温度过高时，可将塑料薄膜撤去。

2. 加强水肥管理

定植后及时松土保墒、促根发棵。进入生长盛期以后不宜松土，以免伤根，要封沟、覆土保根，并保证整个生长期对水肥的需要。肥水不足，植株生长缓慢，叶子发黄；浓肥容易引发辣椒病毒病；如果保持中等肥力，不仅病少，而且结果多。所以在施足基肥的基础上，生长期应做到看地看苗看长相来确定追肥数量，特别是应注意配合一定数量的磷、钾肥和微量元素。结果后，可分期追肥2～3次，追人粪尿或硝酸铵15～20千克，不宜追施碳铵类化肥，因为氨在薄膜内积聚，会伤害幼苗。

由于辣椒叶片小，蒸腾量小，对水肥要求少，所以定植水和缓苗水不能过大，以满足幼苗生长需要为度。如茄门椒在收获前一般不轻易浇水，以后可随追肥浇水，当撤除大棚时可浇1遍大水。

（五）秋季大棚覆盖后的管理技术

立秋以后，气温逐渐下降，再将塑料薄膜覆盖上，但一定要掌握好时间。过早气温高对生长不利，过晚气温低果实难以成熟，当气温下降至16℃以下时，应马上覆盖，具体时间因地而宜。

为了取得较高的产量，在覆盖前应将辣椒加以修剪。一般是从离地面20～26厘米处剪去大部分侧枝，在基部留3个侧枝，刺激不定芽重发新枝开花结果，同时加强肥力管理，促其生长健壮。具体修剪的时间应根据植株生长和各地气候条件，经试验后再确定。

在覆盖塑料薄膜时，初期注意通风，切忌盖严，应随气温下降逐渐盖严，当棚内气温在15℃以下时，应全部盖严，加强防寒保温，促进结果成熟，注意适时采摘。

（六）塑料大棚地膜覆盖栽培要点

塑料大棚地膜覆盖栽培辣椒比单纯用塑料大棚或地膜覆盖还要早熟高产，为了达到预期目的，必须选用早熟品种培育壮苗。陕西省可在 12 月上中旬育苗，苗龄 80 天左右。在定植前 1 个月左右，整地做畦，铺上地膜，同时罩上大棚，促使地温增高。翌年 3 月份待地温持续在 15℃左右即可定植，每畦栽 2 行，株距 33 厘米，行距 53 厘米，采用穴栽，每穴 1～2 株，适当密植，既有利于早熟增产，又有利于早封沟护根防晒。定植时要适当栽深一些，缓苗以后细水轻灌，以早追肥、轻蹲苗、促发根为原则。植株生长时期追肥 2～3 次，以氮肥为主，配合磷、钾肥，控制棚温不超过 30℃，不低于 7℃。5 月份气温过高时，可将塑料薄膜撤离，注意加强病虫害防治，除不培土外其他管理与塑料大棚相同。

八、线辣椒选种育种技术

辣椒是雌雄同花自花授粉的植株，但由于风和昆虫的传播，品种常发生变异退化。加之近年来大多数农民栽培管理粗放，只种不选，只繁不育，结果纯种变异混杂，良种变劣，品种产量、质量降低，广大农民收益减少，不仅挫伤了广大农民种植线辣椒的积极性，同时也满足不了外贸内销的需要。因此，开展良种提纯复壮，培育新品种，成为广大园艺工作者急需解决的课题。

（一）品种退化的原因

要想提纯复壮良种，首先应了解品种退化的原因，才能有的放矢，掌握主动。品种退化主要有下列因素。

一是天然杂交。品种隔离不严，经风和昆虫传播，发生天然杂交，引起品种退化。

二是由于管理粗放，病虫害防治不及时，采用不合理的采种方法引起品种退化。

三是在种子采收、保管和运输过程中造成品种混杂。

（二）防止品种退化的途径

1. 精选良种

应根据不同栽培目的的要求进行，如抗病、早熟或晚熟、制干或青食、辣味的浓淡等具体用途来确定。干椒类型主要用于晒干椒或加工干制，其选育目标应该是老熟果色鲜艳、加工后不变色、油亮有光、辣味浓厚、油多芳香、含水量少、易晒干、产量高、抗逆性适应性强并有一定的抗病毒、虫害能力的品种，如冠秦 19-3、冠秦 19-1、8819、丰力一号、981、98B52 等。用于鲜食品种类型应特别注意选择早熟、丰产、抗逆性抗病性强、色泽浓绿、果大肉厚、果面光滑、有光泽、商品性状好的品种，如冠秦 19-3、七寸红、八寸红等。

2. 建立种子田

进行良种繁育和良种选择，根据"四化一供"（品种布局区域化、种子生产专业化、种子质量标准化、种子加工机械化，有计划地组织供种）的种子工作方针，各地区都应建立自己的良种基地，加强良种提纯复壮选育工作，建立良种繁育更换制度。

种子田的面积应根据播种面积的需要而定。良种的来源应该从生长良好的大田里，按一定标准进行单株选择的方法选出来，再播在种子田里进行提纯复壮。可采用混合选择法、单株选择法、改良选择法，进行种子田间单株选择（选中层果），分别种植，通过观察比较去劣留优，最后将符合本品种特征、达到选育标准的单株进行果选，一般将第一、第二层果的种子保留下来，将进行株系选择后选留的种子用作原种种子。

（1）混合选择法　根据选育目标，把经过株选的优良植株混在一起与原来的品种比较鉴定。此法较简单易行，繁殖快，但提纯复壮效果差。为了提高选种效果，选种群体要大一些，一般不少于 5 000 株，选出来的植株不少于 50 株。

（2）单株选择法　经过田间株选的植株，分别留种、分别种植，然后再进行观察比较，最后把优良的单株种子保留下来用作原种种子。

（3）改良选择法　先选优良的单株，将各单株后代进行种植比较，然后再选出优良的单株后代，留作原种。

不论选择哪种方法，都要注意：一是要符合本品种特征；二是入选单株生长健壮，无病虫害；三是果实要充分成熟；四是尽量选留营养集中的第二、第三层果留种，不用植株上部、下部果实留种。

3. 适时引种，丰富良种资源

在提纯复壮本地良种资源的同时，可根据当地消费者和外贸内销的需要，适时引进国内外的优良品种。引种时注意研究其品种特性以及原产地的气候条件与本地区的差异，切不可盲目引种。

4. 积极开展杂交优势的利用

辣椒虽是雌雄同花自花授粉的植株，但也和其他植物一样，具有杂交优势，即两个适宜的品种进行杂交，产生的杂种后代在产量、抗性、商品性等方面都明显超过双亲。

有性杂交，就是选用父本的花粉授在母本柱头上，产生新个体的过程。有性杂交可用于品种内杂交，使退化的品种提纯复壮。

远缘杂交，就是选用亲缘关系远的两个亲本进行杂交，创造新类型。

杂交包括自然杂交和人工杂交两种。自然杂交就是利用两个相适宜的品种采用隔行混杂的方法栽植，促使自然杂交。虽然杂交率只有 10％～30％，但也能取得一定数量、具有明显杂种优势的杂种一代，如目前推广的早丰一号，就是由南京市红花乡从自然杂交中选育而成的。

人工杂交就是人为地将经过选择的父本花粉授到母本柱头上，从而产生新的一代杂种的过程。此法虽然复杂，但杂交成功率高，效果明显。

选配人工杂交亲本时，要根据不同的育种目标以及辣椒的性状遗传表现，做好亲本选配工作，这是决定杂交成败的关键。

在选好亲本后，再对其进行自交纯化，然后进行亲本组合，通过鉴定分析比较，进行组合力的测定，淘汰不良的组合，确定优良的组合，再用于生产。

选配亲本时，应根据当地消费者或外贸内销的要求选择优良品种，才能产生更好的杂交一代。如陕西省宝鸡市岐山县、扶风县、眉县、周至县是外贸出口辣椒生产基地，当地群众比较喜欢辣味强的品种，所以两个生产亲本最好是辣味较强（至少要求母本辣味强）的品种。许多大中城市的消费者要求线辣椒早上市，因此要选择两个丰产早熟的亲本进行杂交，使其后代更倾向于丰产早熟，满足消费者的需要。以此类推，我们在选配亲本和配置组合时，都要将花朵多、坐果率高、种子多、抗性强、抗退化性强的品种做母本，而将花粉多、花粉发芽率高的品种做父本，这样才能有利于大量繁殖 F1 代杂交种子。

人工杂交的步骤：

（1）去雄　一般选用 2～4 层花，于开花前 1 天下午 3～4 时，选择花蕾大、花冠发白、第二天能开放的花，用镊子轻轻拨开花蕾花冠，将花药去净。去雄时应注意千万不要碰伤柱头与子房。

（2）采粉　选好的父本植株在蕾期套袋，于授粉前 1 天上午 7～10 时，将父本当天要开的花朵采下，放在光滑的纸上，置于干燥处，使花药自行裂开，再收集花粉放在阴凉干燥处备用。如气温过低，也可用剥花机将采来的花剥开，除去花冠等杂质，用烘干箱(温度保持在20℃～25℃)迫使花药开放，采收备用。贮藏时间一般不超过7～9天。

(3)授粉　上午7～9时开始授粉，用毛笔或橡皮头蘸上花粉，轻轻地涂在已去雄的柱头上。按上述方法，一般春季连续授粉20～30天为宜，秋季连续授粉15～20天即可。要选择晴天授粉，如授粉后遇雨天，雨后应重授1次。应根据植株的生长情况、管理水平、结果率的多少确定单株授粉朵数，生长健壮的植株授粉朵数可多些，反之可少些。大羊角、8819等品种可授粉30～50朵，留果25～40个为宜。留果多，往往种子发育不良，千粒重降低，发芽率不高。

人工杂交前，必须将母本上所有的果实及已开放的花朵摘除。杂交后将来不及去雄的大花当天全部摘除，授粉结束后摘除所有的大小花蕾，每隔3天进行1次，以确保杂交果实生长有较充足的营养物质，以及防止天然杂交。

授粉后应做好标记，坐果后挂牌记录以防产生差错。制种前要拔除病弱杂株，保证亲本纯度。要加强制种前的管理，如病虫害防治、防寒增温、土肥水管理等，保证植株正常生长、发育良好、杂交结实率高。

5. 种子采收

不论是种子田采种或杂交植株种子采种，都要等到果实充分成熟才能采收，一般辣椒在授粉后50～

60 天全部果实转红即可采收。一般采收第二至第四层果实,采收后再经过一段后熟时即可剥除种子,放在通风处晾晒,待充分干燥后便可收获。种果要成熟一批采收一批,如久熟不采则种果经烈日暴晒后裂果易腐烂,或者标记脱落而难以辨别。

采种时如遇雨天,可采收起来放在干燥的室内后熟,然后剥除种子。如遇天气过于干旱或雨水过多造成植株萎缩而使种子提前黄熟,采收后需要后熟多天,使种子充分成熟。选留籽实饱满、充分成熟的种子,并将不合格的种子汰除。

在剥除种子时,要注意将果肉、胎座、椒筋全部除净,防止种子发霉腐烂。为防止发芽率降低,一定注意不要在强光下暴晒,以风干最好。如剥种后遇雨,应放在烘干箱内(40℃左右)烘干或放在干燥室内将种子堆成薄层风干。

6. 种子贮藏

一般采用低温干燥法和密封低温法贮藏。前者是放在干燥阴凉通风的房间贮藏,以防受潮;后者是将种子装入瓦罐或酒坛内,用石蜡封口后放在低温中贮藏,放置 1 年后种子仍有 80%的发芽力。如封闭严密,还可以保存更长的时间。

九、线辣椒病虫害及其防治

(一)病虫害的预测预报

1. 诱测法

根据害虫(成虫)的生活习性,利用其趋光性和趋化性,进行诱测。田间设黑光灯和糖醋液以及杨柳枝诱测诱杀并推测虫害发生的时间。

2. 罩笼观察法

用养虫笼或纱罩将收集来的害虫进行饲养,观察各种害虫发生时间,或在田间观察害虫羽化和出土时间。

3. 预测观察法

主要用来预测病害,但病害的预测较虫害困难。因为病害是由病菌引起的,病菌很细小,肉眼看不见,人们观察到的只是辣椒受害染病情况。要预测病害的发生,调查侵染途径,发病的环境条件等,着重分析判断病害的发生与发展,可预测易染病的品种,以它对病害的敏感性来了解当地病情。如预测线辣椒炭疽病,可将当地易感染炭疽病的羊角辣椒栽在预测田里，观察炭疽病的发生与发展情况。

（二）线辣椒病害及其防治

1. 炭疽病

炭疽病又名黑点病、红点病等。炭疽病是危害线辣椒的三大病害之一，主要危害线辣椒的果实，引起腐烂。在我国分布很广，陕西省各辣椒产区都有不同程度发生。

【症　状】 因病原不同，可分为黑色多毛炭疽病和红色多毛炭疽病。黑色多毛炭疽病在果角上危害，常产生长圆形病斑，凹陷成水渍物，有同心圆，到后期病斑破裂。叶片受害，产生褐绿色的水渍状斑点，形状不规则，以后病斑变为褐色，中央灰白，并有小黑点排成轮纹（封 2）。黑色多毛炭疽病主要危害辣椒的果实，老果易受害，嫩果不易发病。果实上的病斑大体上与黑色炭疽病相似，惟病斑上的黑点更大更黑，在潮湿情况下有小黑点溢出。红色炭疽病危害嫩果和老果，产生圆形或椭圆形的水渍状病斑，病斑黄褐色，稍凹陷，密生橙红色小点，潮湿时病斑表面溢出淡红色黏液。

【传播途径和发病条件】 此病在高湿多雨的天气发病较多。8819、七寸红、冠秦 19-1、冠秦 19-3、丰力一号等易发生此病，接近成熟的果实易受害。排水不良、种植过密、氮肥过多都是致病的因素。本病的病菌常在上年遗留在土壤中、病株残体上越冬，成为翌年侵染源，通过雨水、昆虫媒介传播。

【防治方法】

一是选用抗炭疽病的优良品种，如西农 20 号、王屯红、七寸红、冠秦超长 19-1 等。

二是实行种子消毒。播种前先将种子在清水中浸泡 6～10 小时，再用 1％硫酸铜溶液浸种 5 分钟，捞出拌上少量草木灰，中和酸性后再进行播种。

三是加强综合管理。实行定期轮作倒茬，克服连作带来的害处，当果实收获结束，要迅速清园，把病株集中烧毁。做好雨季排涝工作，实行倒行水肥管理，增施磷、钾肥，控制氮肥，加强叶面肥，主要喷 1 千克磷酸二氢钾 500 倍液，提高植株抗性。

四是采用药剂防治，可用硫酸铜 0.5 千克，生石灰 1 千克，加水 120～150 升，配制成波尔多液喷施，或 50％百菌清可湿性粉剂 600 倍液，或 50％甲基托布津可湿性粉剂1 000倍液连续喷施 3 次，效果很好。

2. 病毒病

【症　状】　辣椒病毒病俗称“花叶病”，各地常有发生，其症状是：在叶片上产生黄绿相间的花斑（封2），果实上也生有黄绿相间的花斑，并易落果。幼叶狭窄、叶缘向上卷曲，深绿部分似疱状突起。病株矮小，节间缩短，中上部小枝丛生，茎和小枝上产生黑褐色条斑，重病植株部分小枝或整枝枯死。

【传播途径和发病条件】 病毒病是由烟草花叶病毒和黄瓜花叶病毒侵染发病。烟草花叶病毒侵染产生轮圈或条斑症状，黄瓜花叶病毒侵染主要产生花叶症状，烟草花叶病主要是由接触传播（如整枝打杈等农事操作），而线辣椒病毒病主要是由蚜虫传播。在气温 25℃～30℃的条件下，天气干旱有大量有翅蚜虫时易发病，如与茄科作物连作发病更重。

【防治方法】

一是选用抗病品种。

二是在无病健壮的植株上选留种子，选用中上层辣椒留种。

三是实行轮作倒茬，切忌与茄科连作。

四是采用早培育壮苗，早定植，促发棵，以错过发病期。

五是加强土壤耕作管理，保证植株生长健壮，增强植株抗病能力。

六是喷 40％乐果乳油 1 500 倍液，或 70％乐果乳油 1 500 倍液防治蚜虫。

七是在发病前和发病初期喷施 20 毫克/升萘乙酸，效果很好。

3. 猝倒病

【症　状】 猝倒病又称倒苗病。病苗基部初呈水烫状，逐渐收缩变细折倒，此病发展快，倒苗后植株暂时不死，逐渐枯萎，在潮湿情况下，染病部位及附近土壤产生白毛状菌丝（即病菌的孢子囊和菌丝体）。

【发病条件】 病菌在病株残体或土壤中越冬，以卵孢子和孢子囊从茎部侵入，在20℃时繁殖最快。育苗期遇到雨雪，苗床低温高湿，苗期秧苗拥挤、光照弱最易发病。

【防治方法】

一是育苗时选育无病床土。苗床地要选择地势较高、排灌方便的地块，施足基肥，选用腐殖质较多的堆肥做床土。最好将床土用50克福尔马林或新洁尔灭，对水4升喷于床土，边喷边拌，然后密封4～5天再摊开暴晒10天左右，让药水全部蒸发再入床育苗。

二是播种或定植时适当稀一点，防止辣椒苗拥挤，注意苗床干燥，通风换气，加强保温防寒措施。培育壮苗，提高幼苗抗病能力。

三是及时拔除病苗，防止病虫害蔓延。拔除病株后，撒一层细干土或草木灰。

四是药物防治。用50%多菌灵可湿性粉剂500～1 000倍液浸种2小时再播种，可消灭种子上的病菌，减轻发病。

4. 枯萎病

【症　状】 病根茎部表皮褐色，腐烂发软，易用手指剥落，全株叶部萎蔫。

【发病时间及条件】 7～8月份高温天气，大水漫灌或浇后遇雨，局部渍水的地块发病严重。

【防治方法】

一是深翻土地，精细整地，畦面平整，降雨或浇水后不积水。

二是多中耕，保持土壤疏松，根系发育旺盛。

三是结合中耕进行培土，实行破头期辣椒倒行技术，保护根系，防止倒伏。

四是合理轮作倒茬，禁止与茄科作物连作。

五是浇水时看天看地看苗，以小水轻浇渗透浇为主。

六是增施磷、钾肥，氮、磷、钾三要素配比适当。

5. 立枯病

【症　状】　刚出土幼苗及大苗均可发病。病苗茎变褐色，后病部收缩缢细，茎叶萎垂枯死；稍大幼苗白天萎蔫，夜间恢复。病斑褐色、具同心轮纹及淡褐色蛛丝状霉，是本病与猝倒病区别的重要特征。

【传播途径和发病条件】　以菌丝体或菌核在土中越冬，且可在土中腐生2～3年。菌丝能直接入侵寄主，通过水流、农具传播。病菌发育适温为24℃，最高40℃～42℃，最低13℃～15℃，适宜pH值3～9.5。播种过密，间苗不及时，温度过高易诱发此病。

【防治方法】

(1)农业防治

一是加强苗床管理，注意提高地温，科学放风，防止苗床或育苗盘高温高湿条件出现。

二是苗期喷植宝素 7 500～9 000 倍液，或 0.1%～0.2%的磷酸二氢钾，提高幼苗抗病力。

三是用种子量 0.2%的 40%拌种双拌种。

四是苗床或育苗盘药土处理，可用 40%五氯硝基苯与福美双 1∶1 混合，每平方米苗床施 8 克，药土处理见育苗技术。

(2)化学防治　发病初期喷洒 20%利克菌 1 200 倍液，或 36%甲基硫菌灵悬浮液 500 倍液，或用井冈霉素水剂 1 500 倍液，或 15%恶霉灵水剂 450 倍液。视病情 7～10 天喷 1 次，连续防治 2～3 次。

6. 疫　病

【症　状】　线辣椒苗期、成株期均可受疫病危害，茎、叶和果实都能发病。苗期致病为苗期猝倒病；有的茎基部呈黑褐色，幼苗枯萎而死。叶片染病，病斑圆形或近圆形，直径 2～3 厘米，边缘黄绿色，中央暗褐色。果实染病始于蒂部，初生为暗绿色水浸状斑，迅速变褐软腐，湿度大时表面长出白色霉层，干燥后形成暗褐色僵果，残留在枝上。茎和枝染病，病斑初为水浸状，后出现环绕表皮扩展的褐色或黑褐色条斑，病部以上枝叶迅速枯萎(封 2)。上述症状常因发病时期、栽培条件而略有不同。塑料棚或北方露地，初夏发病多，首先危害茎基部，茎各部症状其中以分杈处茎变为黑褐色或黑色最常见。如被害茎木质化前染病，病部明显缢缩，造成地上部折倒，且主要危害成株，植株急速凋萎死亡，为线辣椒生产上的毁灭性灾害。

【传播途径和发病条件】 病菌主要以卵孢子、厚垣孢子在病残体或土壤及种子上越冬，其中土壤中病残体带菌率高，是主要初侵染源。条件适宜时，越冬病菌经雨水飞溅或灌溉水传到茎基部或近地面果实上，引起发病。重复侵染主要来源为病部产生的孢子囊，借雨水传播危害。病菌生长适宜温度为30℃，最高38℃，最低8℃，田间温度25℃～30℃、相对湿度85％时发病重。一般雨季或大雨天气突然转晴，气温急剧上升，病害易流行。土壤湿度95％以上，持续4～6小时，病菌即完成侵染，2～3天就可发生1代。因此，疫病成为发病周期短、流行速度快的毁灭性病害。易积水的菜地定植过密，通风透光不良，发病重。

【防治方法】

(1)农业防治

一是前茬收获后及时清洁田园，耕翻土地，尽量避免与茄果类、瓜类等作物连作，可与禾本科如小麦、玉米，豆科如菜豆等轮作。

二是选用早熟抗病品种，栽培时间安排上尽量避开发病期。

三是培育适龄壮苗，合理密植。

四是田间管理上，注意暴雨后及时排除积水，雨季应控制浇水，严防田间棚室湿度过高。

(2)化学防治

一是种子消毒处理，参见第三部分线辣椒育苗技术。

二是田间发现中心病株后，喷洒与灌根并行。用50%甲霜铜可湿性粉剂800倍液，或70%乙磷铝·锰锌可湿性粉剂500倍液，或72.2%普力克水剂600～800倍液喷灌。

三是夏季高温雨季，浇水前撒96%以上硫酸铜3千克，然后浇水，防效明显。

四是棚室保护地也可选用烟熏法或粉尘法，即于发病初期用45%百菌清烟雾剂，每667平方米用250～300克，或5%百菌清粉尘剂，每667平方米用1千克，每9天1次，连续2～3次。

7. 青枯病

【症　状】 发病初期仅个别枝条的叶片萎蔫，后扩展至整株。地上部叶色较淡，后期叶片变褐枯焦。病茎外表症状不明显，纵剖茎部维管束变褐色，横切茎部可见乳白色黏液溢出，有别于枯萎病。

【传播途径和发病条件】 病菌随病残体遗留在土壤中越冬，翌年通过雨水、灌溉水及昆虫传播。多从寄主的根部或茎部的皮孔或伤口侵入，前期处于潜伏状态，线辣椒坐果后遇有适宜条件，该菌在寄主组织中繁殖，破坏细胞组织，致使茎叶变褐枯萎。土温是发病重要条件，当10厘米地温达到20℃～25℃，气温30℃～35℃，田间易出现发病高峰。尤其大雨或连阴雨骤晴，气温急剧升高，蒸腾量大，田间湿气、热气更易促成该病流行。此外，连作重茬地或缺钾肥、管理不细的低洼地，或酸性土壤均利于发病。青枯病过去主要发生在南方，近年北方有日趋严重之势。

【防治方法】

(1)农业防治

一是选用抗病品种。

二是改良土壤，实行轮作，避免连茬或重茬，尽可能与禾本科作物实行 3～4 年轮作。

三是整地时每 667 平方米施草木灰或石灰石等碱性肥料 100～150 千克，使土壤呈微碱性，抑制病菌的繁殖和发展。

四是尽量用营养钵育苗，做到少伤根，培育壮苗，以提高辣椒抗病能力。

(2)化学防治

一是进入发病阶段，预防性喷淋 14%络氨铜水剂 300 倍液，或 77%可杀得可湿性微粒粉剂 500 倍液，或 72%硫酸链霉素可溶性粉剂 4 000 倍液，每 7～10 天 1 次，连续 3～4 次。

二是用 5%敌枯双可湿性粉剂 800～1 000 倍液灌根，每 10～15 天 1 次，连续 2～3 次。

8. 软腐病

【症　状】 主要危害果实。病果初生水浸状暗绿色斑，后变褐软腐，具恶臭味，内部果肉腐烂，果皮变白，整个果实失水后干缩，挂在枝蔓上，稍遇外力即脱落。

【传播途径和发病条件】 病菌随病残体在土壤中越冬，成为翌年初侵染源。在田间通过灌溉水或雨水飞溅使病菌从伤口侵入，染病后病菌又可通过烟青虫及风雨传播，使病害在田间蔓延。病菌生育最适温度 25℃～30℃，最高 40℃，最低 2℃，致死温度 50℃下 10 分钟，适宜 pH 值 5.3～9.3，最适 pH 值 7.3。田间低洼易涝，钻蛀性害虫多或连阴雨天气多，湿度大，易流行。

【防治方法】

(1)农业防治

一是与十字花科、豆科、葱蒜类蔬菜进行 2 年以上轮作。

二是及时清洁田园，尤其要把病果带出田外烧毁或深埋。

三是合理密植，避免田间积水，防止棚室内湿度过大。

四是及时防治烟青虫等蛀果害虫。

(2)化学防治　雨前雨后及时喷洒 72%农用硫酸链霉素可溶性粉剂 4 000 倍液，或新植霉素 4 000 倍液，或 50%琥胶肥酸铜可湿性粉剂 500 倍液，或 77%可杀得可湿性微粒粉剂 1 500 倍液。

9. 黑斑病

【症　状】 主要侵染果实。病斑初呈淡褐色，不规则形，稍凹陷，一个果实上多生一个大病斑，病斑直径10～20毫米。上生黑色霉层，即病菌分生孢子梗及分生孢子。有时病斑愈合，形成更大的病斑。

【传播途径和发病条件】 主要在病残体上越冬。其发生与日灼有关系，多发生在日灼处。

【防治方法】

(1)农业防治 防治辣椒黑斑病参见日灼病农业防治方法。

(2)化学防治 发病初期喷洒58%甲霜灵·锰锌可湿性粉剂500倍液，或60% DTM可湿性粉剂500倍液，或75%百菌清可湿性粉剂600倍液，或40%克菌丹可湿性粉剂400倍液，每7～10天喷1次，连续2～3次。

10. 日灼病和脐腐病

【症 状】 日灼是强光照射引起的生理病害，主要发生在果实向阳面上。发病初期果实被太阳晒成灰白色或浅白色革质状，病部表面变薄，组织坏死发硬；后期腐生菌侵染，长出灰黑霉层而腐烂。

脐腐病称顶腐病或蒂腐病，主要危害果实。被害果花器残余部及其附近初现暗绿色水浸状斑，后迅速扩大，直径2～3厘米，有时可扩大到近半个果实。患部组织皱缩，表面凹陷，常伴随弱寄生菌侵染而呈黑褐色，内部果实变黑，但仍较坚实，如遭软腐细菌侵染，可引起软腐病。

【病　因】　辣椒日灼和脐腐均属生理性病害。日灼主要是果实局部受热、灼伤表皮细胞引起，一般叶片遮荫不好，土壤缺水或天气干热过度，雨后暴热，引致此病。脐腐在高温干旱条件下易发生，水分供应失常是诱发此病的主要原因，也有人认为植株不能从土壤中吸取足够的钙素，致脐部细胞生理紊乱，失去控制水分能力而发病。此外，土壤中氮肥过多，营养生长旺盛，果实不能及时补钙也会发病。

【防治方法】　主要采用农业措施防治：①地膜覆盖栽培，保持土培水分相对稳定，减少土壤钙的淋失；②适时灌溉；③选用抗日灼品种；④双株合理密植，或与高秆作物间作，避免阳光暴晒；⑤遮阳网栽培；⑥及时防治“三落”(落叶、落花、落果)；⑦根外追肥，喷 0.1%氯化钙或硝酸钙，每 5～10 天 1 次，连续 2～3 次。

11. 三 落 病

【病　因】　三落病(落叶、落花、落果)能造成线辣椒大幅度减产，其原因也较为复杂，主要有以下 5 个方面：①早春落花，主要原因是长期受低温侵害，导致受精不良而引起的。②土壤和空气干旱，开花结实水分过于缺乏，引起生理缺水。③土壤营养不良，氮肥施用过多，引起徒长。④突遇雷雨猛击，迫使土壤温度骤然下降，或高温雨涝致使根系受害，颜色变褐，根毛小，吸收能力弱，使植株生理失调而引起“三落”。⑤由于病虫危害，防治措施跟不上而引起三落病的发生。

【防治方法】

一是认真做好病虫害的防治，做到早测报，以提供防治时间和防治措施，减少病虫害的发生。

二是从育苗入手，培育壮苗，用壮苗定植，提高植株抗性。

三是对土壤实行精耕细作，合理密植，加强肥水管理，增强植株抵抗三落病的能力。

四是在炎热的夏天要及时追肥浇水，及时排涝，防止水淹受害。

五是加强多元微肥的施用和叶面肥的喷施，实行倒行技术促根保肥发根壮根。

此外，还可用25～30毫克/升对氯苯氧乙酸(PC-PA)喷花，对防治三落病有一定的效果。

（三）线辣椒虫害及其防治

1. 蚜　虫

【危害特点】　蚜虫可分为桃蚜、萝卜蚜、瓜蚜以及棉蚜，以桃蚜危害最广。常群集在叶的背面和嫩茎上以刺吸式口器吸取植物的汁液，造成植株营养不良和缺水症状。幼叶被害后，卷曲皱缩，受害轻者叶片产生褪绿色的病斑，叶片发黄，影响正常生长，受害重者叶片卷曲收缩枯萎。蚜虫还能传播植物病毒病，比其直接危害损失更为惨重。

【形态特征】 桃蚜的有翅雌蚜体长约 2 毫米，头部黑色，腹部淡绿色，背部有淡黑色斑纹。无翅雌蚜体长约 2 毫米，有黄绿色和红褐色 2 种体色。

【生活习性】 我国北方地区春、秋呈 2 个发生高峰。桃蚜 1 年发生代数随地区有很大的差异。华北地区 1 年发生 10 余代；在南方则可多达 30～40 代，世代重叠极为严重。桃蚜存在着生理种群分化现象，危害辣椒的种群，终年生活在同一种作物上，另一种群在果树上产卵越冬。在温室内终年在蔬菜上危害。桃蚜发育起点温度为 4.3℃，发育适温为 24℃，高于 28℃则对其生长、发育、繁殖不利。温度自 9.9℃升至 25℃，平均发育期由 24.5 天缩短至 8 天。桃蚜对黄色、橙色有强烈的趋性，而对银灰色有负趋性。

【防治方法】

(1)农业防治

一是线辣椒收获后，及时处理枯枝残叶。

二是采用合理的间作套种。

(2)物理防治

一是采用黄板诱杀。在大棚内设 1 米×0.1 米规格黄板，在黄板上涂 10 号机油(加少量黄油)，每 667 平方米大棚内设 32～34 块黄板，黄板置于行间，与植株高度相平，隔 7～10 天涂 1 次机油，诱杀效果很好。

二是用银灰色薄膜进行地面覆盖。

(3)化学防治　可选用50%马拉硫磷乳油1 000倍液，或2.5%溴氰菊酯乳油，或20%速灭杀丁乳油2 000～3 000倍液喷药防治。烟熏法。于傍晚棚室放苫前，将80%敌敌畏乳油(按每667平方米用300～400克)倒入盛锯末的花盆里，放几个火炭点燃。

2. 地老虎

【危害特点】 地老虎又名土蚕、地蚕(图9)，属于鳞翅目夜蛾科，陕西省各地均有发生，以幼虫危害辣椒，在幼虫期约1个月，常躲在辣椒心叶里或土表茎叶基部危害，可将茎部咬断，白天潜伏在土表3～7厘米深处，夜晚出来危害，特别是雨过天晴后危害较重。

【形态特征】

(1)成虫　是一种暗褐色的中型蛾子，翅展3～5厘米，前翅中央有一黑褐色带状纹，其外方有1个较长的锐角三角形黑斑，其锐角的尖端指向外方，亚外缘线上有2个三角形，尖端指向里方。雄蛾触角双齿状，雌蛾触角丝状。

(2)卵　半圆形，卵壳表面有纵横突起的棱线，构成许多整齐的小方格，顶端有突出的尖嘴。初产时乳白色，逐渐变黄，孵化前上部变为灰黑色。

(3)幼虫　初孵幼虫灰黑色，取食绿叶后转为绿色，3龄幼虫入土以后又变为灰褐色，老熟幼虫长3～5厘米，呈黑褐色，稍带黄色，臀板黄褐色，其上有2条深褐色的纵纹。

（4）蛹　体长1.7厘米左右，赤褐色，有光泽，腹部侧面无明显的横沟，背面及侧面有排列不整齐的圆形或长圆形刻点，腹部末端着生1对较短的黑色粗刺。

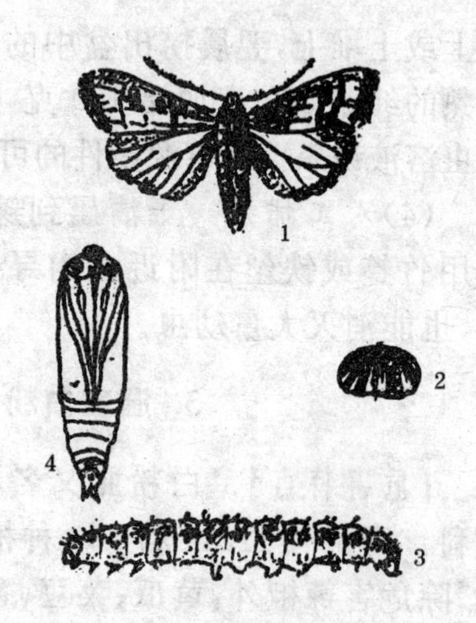

图10　地老虎

1. 成虫　2. 卵　3. 幼虫　4. 蛹

地老虎在陕西省1年发生4代，危害辣椒的第一代较为严重，以后其他各代危害较轻。

【防治方法】

（1）毒饵诱杀　用敌百虫500克对水4～5升，喷在菜叶或青草上，于傍晚洒在定植后的辣椒地里诱杀。

（2）堆草、堆花诱杀　将鲜草或菜叶、泡桐花于傍晚在辣椒地堆成若干小堆，每天清晨翻堆，进行诱杀。

（3）用糖醋液捕杀成虫　因为地老虎成虫有强烈的趋化性，当成虫出现时，可将配好的糖醋液（糖6份、醋3份、水10份、白酒1份加少量敌百虫溶液）放入盆中，溶液深度为5厘米。黄昏后放在田间，每1 334平方米放2盆即可，盆放在离地面67～100厘米高的支架上或土堆上，翌晨捞出盆中的蛾子捕杀。也可以用煮熟的红薯500克加醋150克，酒50克，再加少量敌百虫溶液诱杀。有电源条件的可用黑光灯诱杀。

(4)人工捕杀　于清晨到辣椒地里检查，发现断株用竹签或铁丝在附近土内寻找，捕杀幼虫，连续多日，也能消灭大量幼虫。

3. 温室白粉虱

【危害特点】　白粉虱又名小白蛾，属同翅目，粉虱科。寄主有112个科653种植物，蔬菜上有9科22种，除危害辣椒外，黄瓜、菜豆、番茄、茄子受害也较严重。白粉虱以成虫和若虫吸食植物汁液，被害叶片褪绿、变黄、萎蔫，甚至全株枯死。此外，由于其繁殖力强，繁殖速度快，种群量庞大，群聚危害，并分泌大量蜜液，严重污染叶片和果实，往往引起煤污病的发生，使辣椒失去商品价值。而且蜜液堵塞叶片气孔，影响植株光合作用导致减产。此外，白粉虱还可以传播植物病毒病。

【形态特征】

(1)成虫　体长1～1.5毫米，淡黄色。翅面覆盖白蜡粉，停息时双翅在体上分成屋脊状如蛾类，翅端半圆状遮住整个腹部，翅脉简单，沿翅外缘有1排小颗粒。

(2)卵　长约0.2毫米，侧面观为长椭圆形，基部有卵柄，柄长0.02毫米，从叶背的气孔插入植物组织中。初产淡绿色，覆有蜡粉，而后渐变褐色，孵化前呈黑色。

(3)若虫　1龄若虫体长约0.29毫米，长椭圆形；2龄约0.51毫米，淡绿色或绿色，足和触角退化，紧贴在叶片营固着生活；4龄若虫称伪蛹，体长0.7～0.8毫米，椭圆形，初期扁平，逐渐加厚呈蛋糕状，中央略高，黄褐色，体背有长短不齐的蜡丝，体侧有刺。

【生活习性】　在我国1年可发生多代，北方温室1年可发生10余代，白粉虱冬季在室外不能存活，在温室则以种种虫态越冬并继续危害。成虫羽化后1～3天可交配产卵，平均每个雌成虫产卵142.5粒(28～534粒)，也可进行孤雄生殖，其后代为雄性。成虫有趋嫩性，趋黄性，趋光性，并喜食植株的幼嫩部分。成虫总是随着植株的生长不断追逐顶部嫩叶产卵，形成各种虫态在植株上自上而下垂直分布。卵有卵柄与寄主联系，不易脱落。布满卵的叶片，卵量每平方厘米可达2 700粒。若虫孵化后在卵壳旁休息5～7分钟，然后不定向缓慢爬行，数小时至3天找到适当的取食场所后，口器即插入叶片组织吸食，一般不再剧烈活动。粉虱发育历期：18℃ 31.5天，24℃ 24.7天，27℃ 22.8天；各虫态发育历期，24℃时卵期7天，1龄5天，2龄2天，3龄3天，伪蛹8天。粉虱繁殖的适温为18℃～21℃。在生产温室条件下，约1个月完成1代。冬季温室作物上的白粉虱，是露地春季蔬菜上的虫源，通过温室通风、菜苗移植而使白粉虱迁入露地。白粉虱的种群数量，由春至秋持续发展，夏季的高温多雨抑制作用不明显，到秋季数量达到高峰。在北方，由于温室和露地菜生产衔接和相互交替，可使白粉虱周年发生。

【防治方法】

(1)农业防治

一是提倡温室第一茬种植白粉虱不喜食的蔬菜如芹菜、韭黄等，减少黄瓜和茄科蔬菜面积。

二是培育"无虫苗"，育苗前彻底熏杀残余虫口，清理杂草、残株，在通风口密封尼龙纱网，控制外来虫源。

三是避免与黄瓜、茄科、豆类蔬菜混栽。

四是温室周围种植白粉虱不喜食的蔬菜如十字花科蔬菜，以减少虫源。

(2)物理防治　利用其趋黄性的特点，可用黄板诱杀，或栽培使用防虫网。

(3)生物防治　人工繁殖释放丽蚜小蜂。当粉虱成虫在0.5头/株以下时，每隔2周放1次，共释放3次丽蚜小蜂，使得粉虱成虫在15头/株，寄生蜂可在温室建立种群并能有效控制白粉虱危害。

(4)化学防治　由于粉虱世代重叠，而当前药剂未能对所有虫态皆有效，所以化学防治时，必须连续几次用药。可用药剂有：10%扑虱灵乳油1000倍液，或25%灭螨猛乳油1 000倍液(对成虫、若虫、卵皆有效),或灭杀毙4 000倍液,或2.5%天王星乳油3 000倍液(杀成虫、若虫、蛹),或2.5%功夫乳油5 000倍液。

4. 烟青虫

【危害特点】 烟青虫别名烟夜蛾、烟实夜蛾(图11),属鳞翅目夜蛾科。主要危害青椒,以幼虫蛀食蕾、花、果,也食害嫩茎、叶和芽。果实被蛀,引起腐烂而大量落果,造成严重减产。

【形态特征】

(1)成虫 体色较黄,前翅上各线纹清晰,后翅中黑色,宽带中段内侧有一棕黑线,外侧较内凹。

(2)卵 约0.5毫米,半球形,乳白色,具纵横网格,卵稍扁,纵棱一长一短,呈双序式,卵孔明显。

(3)幼虫 老熟幼虫体长30～42毫米,体色变化较大,幼虫2根前胸侧毛的连线远离前胸气门下端,体表小刺较短。

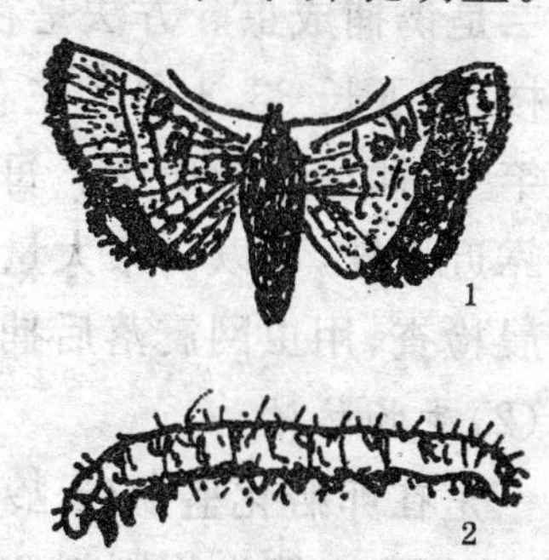

图11 烟青虫

1. 成虫 2. 幼虫

(4)蛹 长17～21毫米,黄褐色,蛹体前段显得粗短,气门小而低，很少突起。

【生活习性】 烟青虫在全国均有发生，1年可发生3～4代，个别年份有5代。以蛹在土中越冬。成虫卵散产，前期多产在寄主植物中部叶片背面的叶脉处，后期产在萼片和果上。3龄后蛀食果实。成虫可在番茄上产卵，但存活幼虫极少。幼虫白天潜伏，夜间活动危害。发育历期，卵3～4天，幼虫11～25天，蛹10～17天，成虫5～7天。烟青虫成虫对糖蜜趋性强，趋光性较弱。成虫有迁飞性，有假死和自残习性。

【防治方法】

(1)农业防治

一是结合大棚温室管理灭卵灭虫。及时整枝，把嫩叶、嫩枝上的幼虫一起带出棚外烧毁或深埋，并及时摘除虫果。

二是诱捕成虫。方法是在成虫盛发期，选取带叶杨树枝，剪下长33.3厘米左右，每10支扎成1束，挂在竹竿上，插在辣椒田中。每667平方米插20束，使叶束靠近植株，可以诱来大量的蛾子，隐藏在叶束中，于清晨检查，用虫网震落后捕杀。

(2)生物防治

一是在卵孵化盛期(3龄前)，每667平方米喷洒Bt乳剂、HD-1等生物制剂200克，有一定防治效果。

二是在产卵的始、盛、末3个时期连续放赤眼蜂3～4次。每667平方米每次放蜂1.5万～2万头，总放蜂量为 6 万～8 万头，每 3～5 天 1 次，一般卵寄生率可达 80%。

三是可释放助迁草蛉、瓢虫幼虫及用杀螟杆菌、链孢杆菌、青虫菌、核多角体病毒等防治幼虫。

(3)化学防治　应掌握在百株卵量达 20～30 粒时开始用药，尤其在半数卵变黑时为好。可用 50% 辛硫磷乳油 1 000 倍液，或 40% 菊·杀乳油、菊·马乳油2 000～3 000 倍液，或灭杀毙乳油 6 000 倍液，或 2.5% 功夫乳油 5 000 倍液防治。

5. 甘蓝夜蛾

【危害特点】 甘蓝夜蛾俗称夜盗虫，属鳞翅目夜蛾科。在我国北方发生较普遍，是陕西辣椒成株期主要虫害之一。初孵幼虫群集叶背取食线辣椒叶片、嫩芽，严重时将叶片吃光，仅留叶脉及叶柄。幼虫 3 龄后食量暴增，4 龄后昼夜取食，分散危害，6 龄幼虫白天潜伏根际中，夜出危害。排出的粪便严重污染线辣椒，导致线辣椒果腐病发生。1990 年陕西省泾阳县因甘蓝夜蛾危害，造成辣椒平均虫果率达 27%，个别田块达 41%。

【形态特征】

(1)成虫　灰褐色，体长 15～25 毫米。翅展 45 毫米，棕褐色。前翅具有明显的肾形斑(斑内白色)和环状斑，后翅外缘具有 1 个小黑斑。

(2)卵　半球形，淡黄色，顶部具一棕色乳突，表面具纵脊或横格。

(3)幼虫　老熟幼虫体长 50 毫米，头部褐色，胴部腹面淡绿色。背面呈黄绿色或棕褐色，褐色型各节背面具倒“八”字纹。

(4)蛹　长 20 毫米，棕褐色，臀棘为 2 根长刺，端部膨大。

【生活习性】　黑龙江省 1 年发生 2 代，华北为 1～3 代，陕西、重庆地区 1 年发生 4 代。以蛹在土中越冬，成虫对黑光灯和糖蜜气味有较强趋性。喜在植株高而密的田间产卵，卵产于叶背，单层成块，每只雌成虫可产 4～5 块，约 600～800 粒卵。卵的发育适温 23.5℃～26.5℃，历期 4～5 天。幼虫 6 龄，发育适温 20℃～24.5℃。老熟幼虫多入土 6～7 厘米(范围 4～31 厘米)做土茧化蛹。蛹的发育适温 20℃～24℃，发育历期 10 天左右，越夏蛹历期 2 个月，越冬蛹历期可达半年。蛹在土中适宜湿度以含水量 20%为佳，小于 5%、大于 35%会大大降低羽化率。甘蓝夜蛾发育最适温度 18℃～25℃，相对湿度 70%～80%。小于 15℃、大于 30℃及相对湿度小于 68%、大于 85%均不利于甘蓝夜蛾发生。

【防治方法】

(1)农业防治

一是深翻除草，消灭越冬蛹，以减少翌年虫口基数。

二是诱杀成虫，在成虫发生期，可设置黑光灯或糖醋盆诱杀，在春季结合诱杀地老虎同时进行。

（2）生物防治

一是人工释放赤眼蜂。每667平方米设6～8个放蜂点，每次释放2 000～3 000头，隔5天1次，持续2～3次。

二是幼虫期可喷洒苏云金杆菌制剂。

（3）化学防治　幼虫3龄前喷药。可用灭杀毙乳油6000～8 000倍液，或40％氰戊菊酯乳油6 000倍液，或2.5％功夫乳油4 000倍液，或2.5％天王星乳油、20％灭扫利乳油3 000倍液防治。

十、线辣椒干制烘烤技术

（一）线辣椒烘烤干制的好处

一是便于保管和运输；二是提高了线辣椒的品质；三是有利于线辣椒食品的加工，如打辣面、制辣油等；四是提高了线辣椒各类营养元素的含量，尤其是维生素 C 和辣椒素的含量大大提高；五是干制后线辣椒便于大量销售，高价销售。

（二）烘烤炉的建造

线辣椒烘烤炉是砖木结构，烘炉的大小取决于鲜辣椒货源的多少，一般情况下投资800～1 000元资金可建成1 次烤 150 千克干椒的烘烤炉。

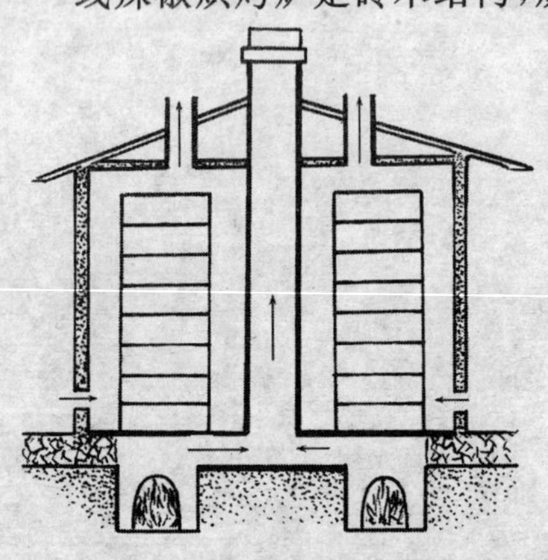

图 12　双火道层架室烘烤炉平面示意图

烘烤炉（图 12 至图 14）由骨架、火道、烟筒、天窗、通风孔、进风口、烤筐组成：①骨架是由竹竿或钢管纵横相接构

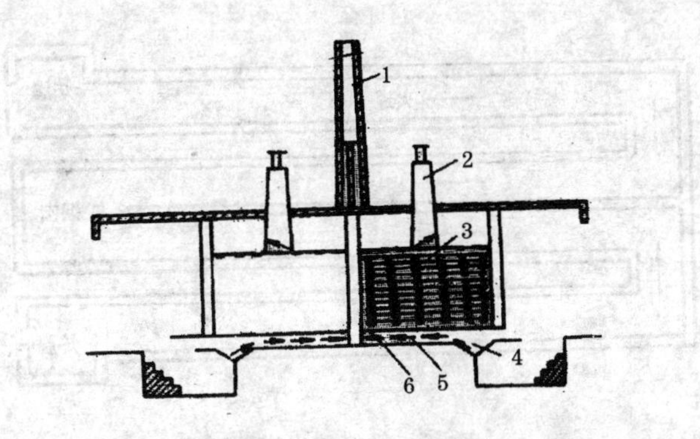

图 13　烘烤炉长剖面图

1. 烟囱　2. 天窗　3. 烤盘　4. 炉膛　5. 火道　6. 炕面

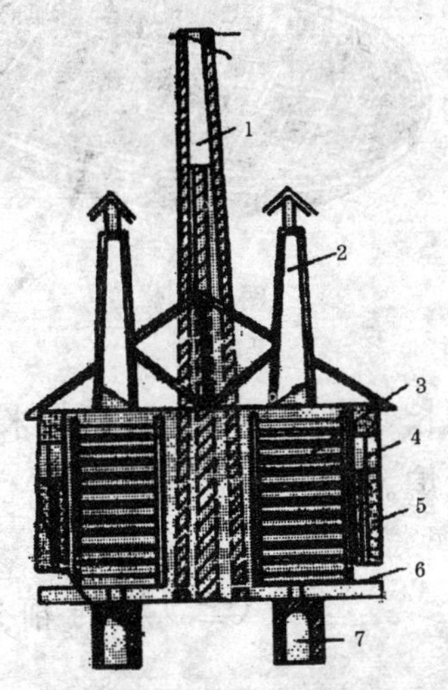

图 14　烘烤炉剖面图

1. 烟囱　2. 天窗　3. 烤盘　4. 壁窗　5. 夹墙　6. 地窗　7. 炉灶

成十字长方形框架，主要放置烤筐。②火道(图 15)由耐火砖砌成，底部有数根生铁炉条，构成进火口(主要是燃煤点火)，火道长度随烘烤室内径的长短决定，内径17～23 厘米用土炕坯砌成，弯曲延伸，火道尾紧连烟筒。③烟筒用砖建成，高出屋顶 1～1.3 米。④天窗位于屋顶一侧，高出屋顶 67 厘米左右，盖板要紧严且拉动灵活。⑤通风孔位于进火口的下边，要求宽敞，

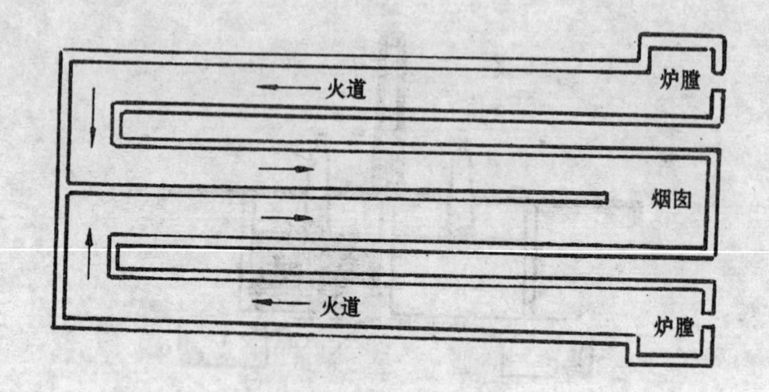

图 15　烘烤炉火道图

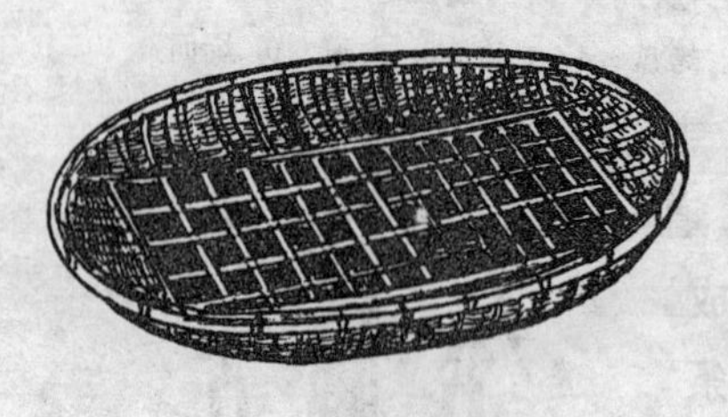

图 16　烤筐

操作自如。⑥气孔位于烘烤炉外墙距地面 67 厘米左右，数量由烘烤炉的大小决定，一般 4～6 个。⑦烤筐（图 16）多用竹篾编织而成，筐长 0.83～1 米，宽 0.5 米，主要用于盛放鲜线辣椒入炉。

（三）烘烤前的技术要求

首先，检查烘烤炉各部位有无漏洞、裂缝，如发现及时处理。火道表面要光滑，严密无缝，天窗盖板周围有无漏气，烟筒排烟是否顺利，骨架是否合格，气孔是否塞严，门帘是否保温坚固，燃煤是否充足，发现问题及时处理。

第二，烘烤前必须对入炉的鲜线辣椒全部精选、除杂，把颜色深红、果把翠绿、角长肉厚、条纹明显、果角完整的鲜线辣椒全部装入烤筐，每筐6～7千克，薄厚一致，要求整齐装入框架。

第三，注意烘烤前要挂好门帘，堵塞气孔，关闭天窗，一切就绪后再点火。

（四）烘烤后升温排潮技术

加足火力，等温度直线上升到50℃～55℃后，进行第一次排潮，拉开天窗，拨开通气孔，再进炉检查烤室中心温度和烤筐受热情况，特别是底层有无火角，发现后及时调换位置，翻动均匀。关闭天窗，堵好气孔，挂好门帘，继续加温，每隔2小时左右排潮检查1次，每次排潮15～20分钟，保持中心温度在60℃左右，如果温度过高及时排潮降温，如果温度过低加足火力使温度迅速上升。

（五）倒盘检查

由于烤筐放的位置不同，受热程度不同，要经常检查辣椒烘烤情况，特别是第一、第二、第三层可以里外倒换，也可上下层倒换，当第一、第二、第三层辣椒全部烤干，中上层已全部萎缩，就要减小火力，温度稳定在50℃左右，减少排潮次数和排潮时间，直到中上层全部烤筐的辣椒干透后停火，利用余热继续烘干个别不合格的水泡椒，约10小时后温度下降至30℃左右，开始出炉，出炉后及时装进下一炉鲜椒，利用余热加足火力，可以达到经济烘烤。

（六）分级与包装

出炉后把辣椒经过自然放置6～8小时后再进行挑拣，把杂色椒、烂椒、火椒一律作为下脚料，把果角长大、果把黄绿、颜色纯正、肉质肥厚、条纹明显、角形完整的线辣椒装包、库存或销售。

包装可分为小型包装和大型包装，小型包装可用塑料薄膜制成15～25千克袋，零售时可分包为1～1.5千克小袋。大型包装可用大型塑料袋或麻袋包装，每包25～40千克，加水2%，潮湿后再装。

十一、线辣椒简易贮藏与加工技术

(一)线辣椒的简易贮藏

冬鲜椒贮藏保鲜的适宜条件为温度不低于10℃,相对湿度90%左右。要选用耐贮品种,如七寸红、981等,在初霜前采收,挑选果皮坚实、角形完整、无病虫害的鲜椒。

1. 缸藏法

在缸底垫7～10厘米厚的黄沙土摊平,再均匀摆放7～10厘米厚的纯净鲜线辣椒,后再覆盖7～10厘米厚的干黄沙土,就这样一层黄沙土一层鲜辣椒,直至距离缸顶约7～10厘米为止,再用黄泥密封缸口,这样可以保鲜线辣椒至春节后3月份左右,好果率在80%以上。如果贮藏前能将鲜椒用硫酸铜与生石灰配制的波尔多液或其他灭菌剂浸泡10分钟效果更好,好果率可达98%以上。

2. 沟藏法

在干燥的黄沙土地上,挖深、宽各1.3米的沟,沟底铲平再垫上7～10厘米厚的干黄沙土摊平,再均匀地堆放26～40厘米厚的鲜椒,其上覆盖7～10厘米厚的黄沙土，再堆放鲜椒直至沟顶，盖上芦苇或草苫，做好拱形窑顶。贮存期内注意检查温、湿度和保鲜情况，将不合格的鲜椒及时挑出。

3. 堆 藏 法

在室内地上铺约10～13厘米厚的干沙土，再堆放鲜椒17～26厘米厚，堆成土堆形，上面和四周用黄沙围严，厚约10厘米左右。每隔10～15天翻动检查1次，将腐烂椒挑出。这种方法可以使线辣椒保鲜至春节前后。

4. 草木灰贮藏法

将采摘鲜椒用草木灰拌匀混合，每50千克鲜椒可用草木灰4～5千克，上边四周用草木灰覆盖严密无缝，厚约10～13厘米，使鲜椒与外界空气隔绝。食用时用清水将鲜椒清洗干净即可。

5. 塑料袋贮藏法

先用1%硫酸铜溶液将线辣椒冲洗干净晾干，再将鲜椒用5%多菌灵液浸泡5～10分钟后捞出晾干，装入塑料袋封好口，可以贮藏至清明前后。

（二）线辣椒的简易加工

1. 辣 椒 砖

选择优质干辣椒，去柄去杂，炒熟粉碎，用细箩过筛，制成精细辣椒粉用50%，再用优质芝麻、黄豆各20%分别炒熟，粉碎成细末，另加大茴香、小茴香、桂皮、花椒等6种调味品10%，用新鲜优质酱油调匀，压制成砖形，精细包装，每袋装0.5千克。

2. 辣椒豆瓣酱

选用优质黄豆，先炒熟，浸泡12～20小时，再煮透，捞在干净的陶瓷盆中，放凉后(约32℃)密封在罐子里，保温，让其自然发酵，生出真菌，开始时温度稍高一些，保持32℃2～3天。待开始出现菌丝后，稍微透气，再密封保持25℃左右，经1周左右黄豆充分发酵，此时即可加盐及各种调味品拌匀，置于烈日下暴晒，以晒透晒干为止。再加细辣椒粉，拌匀后，加入酱油，使酱豆呈红褐色，即可食用。外出时，可将其晒干或烘干，装入塑料袋。此法便于携带与保存，食用时只需用开水浸泡，或加油炒食，调味炒菜，芳香味鲜，辣味浓郁，营养丰富。

3. 辣椒油

选用辣味强烈的线辣椒，制成细粉末，配比为50千克辣椒面，50千克香油，10千克食盐，10千克酱油，25升水。先将辣椒面与食盐混合，在锅中煮沸，使之浸出辣椒素、红色素，再加入香油熬煮后，装入容器中澄清。将澄清液分装入瓶中，即为辣椒清油，该品颜色橙红透明，香辣可口。剩下的混合浸物，多是辣椒粉，加入酱油，装入容器中，即为辣椒油。

4. 腌辣椒

选用秋后采摘的老熟青椒，以霜前长灯笼椒、冠秦椒、8819 等最好，要求肉厚、皮厚，盐渍加工后清脆可口。

腌制过程是，将缸刷净晾干，将鲜椒挑选好，洗净晒干入缸，一层鲜椒一层细盐，分布均匀。每 50 千克鲜椒用盐 4～5 千克，装缸后上面压上洗净的石头，把辣椒压紧，以便食盐溶化后渗透到辣椒里；到第五天倒缸 1 次，翻匀辣椒后，转缸时仍用上法，一层辣椒一层盐，第二次用盐 2 千克，2～3 天后上部即出现渍水，渍水以将辣椒淹没封闭为最好。过 10 天再转缸 1 次，将 50 克明矾粉碎掺和在剩下的盐中，仍一层一层地撒在辣椒上，加盖密封，1 个月后即可食用，清脆可口。

5. 辣椒粉

选优质干制后的成品辣椒去杂、去柄，切成 1～2 厘米的小段，放在热锅里加适当的清油烘烤，再用石碾加工成粉末过筛，1.5～2.5 千克袋装即可。

另外，辣椒碱是从辣椒中提出来的一种高附加新产品，被广泛应用于医药工业和食品工业，辣椒碱具有极高的药用价值和经济价值，目前每千克价值 4 万元，国际市场需求 5 000 余吨，国内市场需求 300 吨以上，辣椒碱可以起到消炎、杀菌的作用。

附录　务辣椒经

说辣椒来道辣椒，人民生活离不了。
饮食调味不可少，食品加工是个宝。
治病强身把国保，技术简单效益高。
国内国外都畅销，快种辣椒宝中宝。
农民致富好门道，利国利民通大道。

说辣椒来道辣椒，农务技术有一套。
宏儒亲手编书稿，田间试验功夫到。
理论实践结合好，十年辛苦扎实搞。
只要技术有缺欠，请你去把宏儒找。
热情服务耐心教，直到你会才清了。
周至尚村王屯村，三组无人不知晓。

说辣椒来道辣椒，选种育苗第一炮。
母肥籽壮最牢靠，抗病抗虫成熟早。
果角长、辣味好，结果集中产量高。
温汤浸种芽催好，苗床基肥施足饱。
营养土，配合好，塑料薄膜早备好。
弓条竹篾为最妙，施沙施药水浇到。
口喷撒粒均匀好，插弓盖膜把温保。
培育壮苗要勤跑，按时通风浇水和拔草，
及时防虫防病莫忘了。

送嫁水肥要供到，只要掌握技术好，
培出壮苗呱呱叫。

说辣椒来道辣椒，大田移栽功夫到。
深翻土地垄培好，农肥化肥配合好。
施药防虫栽好苗，移栽秧苗资格老。
根粗茎壮叶色好，无病无虫好壮苗。
先栽后浇结合好，栽多少、浇多少，
及时浇完最为妙。

说辣椒来道辣椒，大田管理精又巧。
查苗补苗认真搞，中耕除草稳好苗。
看天看地看辣苗，施肥浇水要周到。
倒行技术要抓早，破透开花比较好。
防病防虫要抓早，五步整枝型定好。
推株并垄透光道，适时采摘成辣椒。
售鲜干制看市销。

说辣椒来道辣椒，干制烘烤技术高。
烘炉各部查补好，入炉辣椒挑拣好。
框架排列整齐妙，加足火力来烘烤。
先猛后松火工到，及时检查和排潮。
烘来辣椒质量高，优质优价齐欢笑。
种辣效益确实好，王屯村人个个笑。